序

　　教育部次長林騰蛟指出，隨著科技快速發展，科技素養已成為現代國民基本能力，目前許多先進國家，包括英、美、紐、澳等中小學課程，都已經把科技列為獨立領域。因此，教育部也將科技獨立列課綱，其主要的目的就是培養學生的「做、用、想」科技素養。其實不只中小學，連許多大學文史科系為增加學生就業競爭力，也開課教授程式設計等，將來可走文創路線拓展出路。

　　但是，目前市面上的資訊科技教科書內容，都是以 16～18 週的內容成冊。尚未提供「少量多樣」的主題教材。使得學生在一個學期中只能單獨學習一種資訊科技的教材內容，無法「試探或嘗試」多樣的主題教材。例如：傳統的教科書無法同時介紹不同機器人（樂高機器人、mBot 機器人、Arduino 及其他人型機器人等）的優缺點、特色、適用時機及應用方式，使得學生可能對單一主題沒有興趣；或是對這些有興趣的學生，只能利用手機或電腦來線上閱讀某一門課程的教材。但是，在這個過程中，往往因為資訊尚未統整或是資訊量過多，使得學生無法負荷，導致產生無效的學習。

　　有鑑於此，感謝台科大圖書公司的支持，筆者與台科大圖書合作，撰寫一系列的「創客教育之輕課程教材」，其主要的目的就是讓學生可以透過輕課程教材，快速且有系統化學習創客教育的相關知識與技能。在本書中，將帶領學生學會如何利用 AI2 圖控程式來開發互動遊戲 App。

　　最後，在此特別感謝各位讀者對本著作的支持與愛戴，筆者才疏學淺，有誤之處。請各位資訊先進不吝指教。

李春雄
Leech@gcloud.csu.edu.tw
於 正修科技大學資管系

目錄

Chapter 0 前置作業

0-1 設備教具   2
0-2 學習步驟   2

Chapter 1 一窺 App Inventor 的魅力

1-1 App Inventor 2 的魅力   6
1-2 App Inventor 2 的程式開發環境   8
1-3 進到 App Inventor 2 雲端開發網頁   13
1-4 App Inventor 2 的中文介面整合開發環境   16
1-5 App Inventor 2 開發環境架構及開發流程   18
1-6 撰寫第一支 App Inventor 2 程式   22
實作題   32

Chapter 2 手機遊戲的設計原理

2-1 動畫的基本概念   34
2-2 App Inventor 2 動畫的基本元件   41
2-3 遊戲設計   45
2-4 何謂機率？   47
2-5 App Inventor 2 的亂數拼圖程式   48
實作題   53

Chapter 3 打地鼠遊戲設計

3-1	休閒遊戲（Casual Game）	56
3-2	打地鼠遊戲設計（物件隨機移動位置）	56
3-3	打地鼠遊戲設計（物件被點擊來計分）	58
3-4	打地鼠遊戲設計（物件被點擊之震動效果）	60
3-5	打地鼠遊戲設計（分數可歸零）	62
3-6	打地鼠遊戲設計（倒數時間）	64
實作題		68

Chapter 4 猜骰子點數遊戲設計

4-1	骰子可能出現點數（亂數的原理）	70
4-2	動態投擲骰子	72
4-3	動態調整投擲骰子速度	75
4-4	猜骰子點數遊戲設計	77
實作題		81

Chapter 5 智能互動式檯燈 App 設計

5-1	互動式開關（奇偶數的原理）	84
5-2	多段式互動檯燈	87
實作題		90

Chapter 6 抽抽樂 App

6-1	抽抽樂基本介面設計	94
6-2	設定數字大小及粗體	99
6-3	抽抽樂設定為「○」或「×」	102
6-4	玩家抽抽樂押點數	104
6-5	押中產生音效	107
	實作題	110

Chapter 7 猜拳遊戲 App

7-1	簡易猜拳遊戲 App	114
7-2	猜拳指示燈	119
7-3	統計猜拳的勝利、平手及失敗次數	124
	實作題	131

Chapter 0 前置作業

我們時常聽到有人說:「我數學不好。」所以就不會寫程式,其實答案是「不一定」的。因為數學必須要同時兼具「邏輯思考」及「運算」,但是寫程式著重在「邏輯思考」,而「運算」部分就交給電腦的 CPU 來處理了。其中「邏輯思考」可稱它為「程式邏輯」,而在「程式設計」課程中,它就是一種「演算法」。

0-1　設備教具

智慧型手機	平板電腦

0-2　學習步驟

🧩 Chapter1：一窺 App Inventor 的魅力

　　瞭解 App Inventor 2（AI2）程式的開發環境，並學習如何利用 AI2 撰寫第一支手機 App-語音自我介紹。

好玩的地方：

1. 利用 AI2 開發專業的手機 App 行動資訊系統。
2. 利用 AI2 設計有趣的互動遊戲 App 軟體。
3. 可以擴充各種控制軟硬元件，用途更加廣泛。

🧩 Chapter2：手機遊戲的設計原理

　　瞭解「手機遊戲設計」的原理，並學習「遊戲結合動畫」的各種應用。

靈活運用之處：

1. 可以從原先的桌機轉移到手機來設計遊戲程式。
2. 讓設計的 App 程式，隨時可展示及應用。

Chapter3：打地鼠遊戲設計

瞭解休閒遊戲的定義及特色，學會如何設計打地鼠遊戲！

進一步地學習加值：

1. 本遊戲可以訓練年長者的手部靈活度。
2. 本遊戲可以分析學生或年長者的注意力。
3. 本遊戲可以協助手部關節病人的復健。

Chapter4：猜骰子點數遊戲設計

瞭解兩個骰子投擲的設計方式，並且熟習骰子出點數時的隨機過程及骰子轉動的動畫原理。

手遊設計的進階發展：

1. 懂得計時器與投擲骰子之控制速度的方式。
2. 學習透過骰子來設計互動遊戲 App。

Chapter5：智能互動式檯燈 App 設計

瞭解模擬互動式開關的設計方式，還可以模擬多段式互動檯燈的設計！

生活中的創意發揮：

1. 學會奇數、偶數原理與開關的關係及實作方法。
2. 瞭解多段式互動檯燈的設計方式。

Chapter6：抽抽樂 App

利用手機 App 來模擬抽抽樂遊戲，零成本，且能增加樂趣。

生活中的創意發揮：

1. 瞭解亂數如何實際應用於抽抽樂的遊戲中。
2. 瞭解抽抽樂人機介面的設計與互動，來產生有趣的效果。

Chapter7：猜拳遊戲 App

利用手機 App 來模擬人機互動的猜拳遊戲。

生活中的創意發揮：

1. 瞭解亂數如何實際應用於猜拳的遊戲中。
2. 透過猜拳遊戲，讓學生了解機率遊戲在統計上的應用。

Chapter 1

一窺 App Inventor 的魅力

還記得在小學時，最喜歡的組合玩具是什麼嗎？我想大部分的學生都會回答「樂高積木」，為什麼呢？因為它可以依照每一位學生的「想像力及創造力」來建構個人喜歡的作品，並且它還可以透過「樂高專屬的軟體」來控制樂高機器人。

自己是否有想過一個有趣的問題，為何「小學生」也可以撰寫程式來控制樂高機器人呢？其實它就是透過「拼圖」方式來撰寫程式。

反觀，目前高中職及大專院校學生，如果想自己開發 Android App 程式，則必須要學習困難的 Java 程式語言，使得大部分的學習者望而卻步，甚至半途而廢。

有鑑於此，Google 實驗室基於「程式圖形化」理念，發展了「App Inventor」拼圖程式，專門用來撰寫 Android App 的開發平台。並且在 2012 年初將此軟體移轉給 MIT（麻省理工學院）行動學習中心管理及維護。

MIT 行動學習中心在 2013 年 12 月發表 App Inventor 2（簡稱 AI2），除了省略需要使用 Java 才能開啟的 Blocks Editor 之外，還大幅度的改善開發環境。因此，目前 App Inventor 已經被公認為小學生也可以開發 Android App 程式的重要工具。

1-1　App Inventor 2 的魅力

何謂 App Inventor 2（AI2）？

1. 專門用來撰寫 Android App 的開發平台。
2. 由 Google 實驗室與 MIT（麻省理工學院）合作開發的「圖形化程式」。
3. App Inventor 2 非常適用「高中、職」學生學習程式設計的第一種語言。
4. 不需要學習困難的 Java 語言，也可以輕鬆學習手機 App。
5. 學習簡單，但是「元件功能」可不簡單。

App Inventor 2 功能

1. 提供「雲端化」的「整合開發環境」來開發專案。
2. 提供「群組化」的「元件庫」來快速設計使用者介面。
3. 利用「視覺化」的「拼圖程式」來撰寫程式邏輯。
4. 支援「娛樂化」的「NXT/EV3 樂高機器人」的控制元件。
5. 支援「外掛式」的「mBot 元件」來學習第三方機器人程式。
6. 提供「多元化」的「專案發布模式」，輕易在手機上執行測試。

App Inventor 2 的運用

1. 手機 App 程式開發（老師易教、學生易學）。
2. MakeBlock 系列的機器人（mBot 及 Ranger…）。
3. Arduino 系列的控制板。
4. 樂高機器人系列（NXT 與 EV3）。

其 AI2 可以運用的硬體系列及對象，如下圖所示：

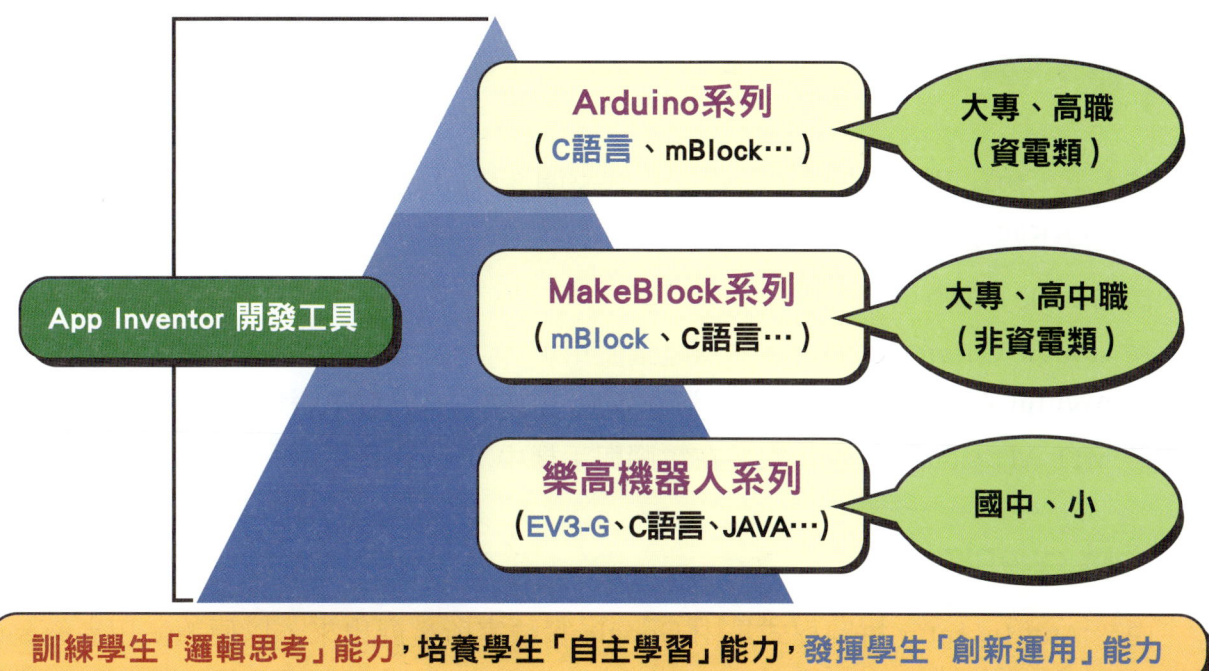

1-2 App Inventor 2 的程式開發環境

基本上，想利用 App Inventor 拼圖程式來開發 Android App 手機應用程式時，必須要先完成以下四項程序：

1. 申請 Google 帳號。
2. 使用 Google Chrome 瀏覽器（強烈建議使用）。
3. 安裝 App Inventor 2 開發套件（安裝在電腦上）→ 若要使用「模擬器」測試。
4. 安裝 MIT AI2 Companion（安裝在電腦與手機中）→ 若要使用「實機」測試。

申請 Google 帳號

由於 App Inventor 拼圖程式是由 Google 實驗室所發展出來，以便讓使用者輕易的開發 Android App。因此，使用者在開發 App Inventor 拼圖程式時，先申請 Google 帳號。

步驟 1 連到 Google 的帳戶申請網站並註冊

https://accounts.google.com/SignUp?hl=zh-TW

註：在「建立帳戶」之後，就可以登入。如果已經申請過，則不需要再重新申請，直接使用舊的即可登入。

步驟2　登入 Google 帳戶

https://accounts.google.com/Login?hl=zh-tw

　　登入的密碼會自動記錄在 Google Chrome 的網站中，所以，下次要再使用 Google 提供的相關服務（gmail、App Inventor……）皆不需再登入。

使用 Google Chrome 瀏覽器

　　基本上，目前瀏覽器種類，大致上可以分為三大類：
1. Microsoft Internet Explorer。
2. Mozilla Firefox。
3. Google Chrome（強烈建議使用，因為最穩定、資源最多）。

　　因此，如果電腦尚未安裝 Google Chrome 瀏覽器時，請連到 Google 的官方網站下載並安裝。

安裝 App Inventor 2 開發套件

利用 App Inventor 2 開發完成程式之後，如果想利用「模擬器（Emulator）」或透過 USB 連接手機來瀏覽執行結果時，則必須要先安裝 App Inventor 2 開發套件。

步驟 1　連接到官方網站

http://appinventor.mit.edu/explore/ai2/setup.html

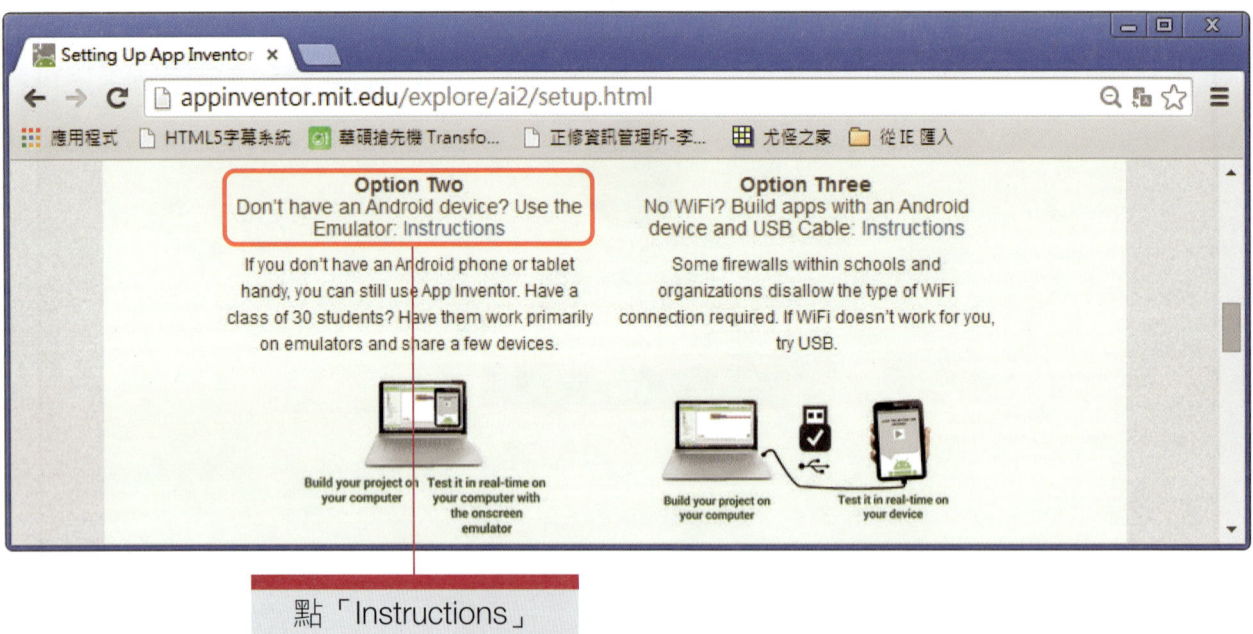

點「Instructions」

步驟 2　選擇安裝 App Inventor 軟體的版本

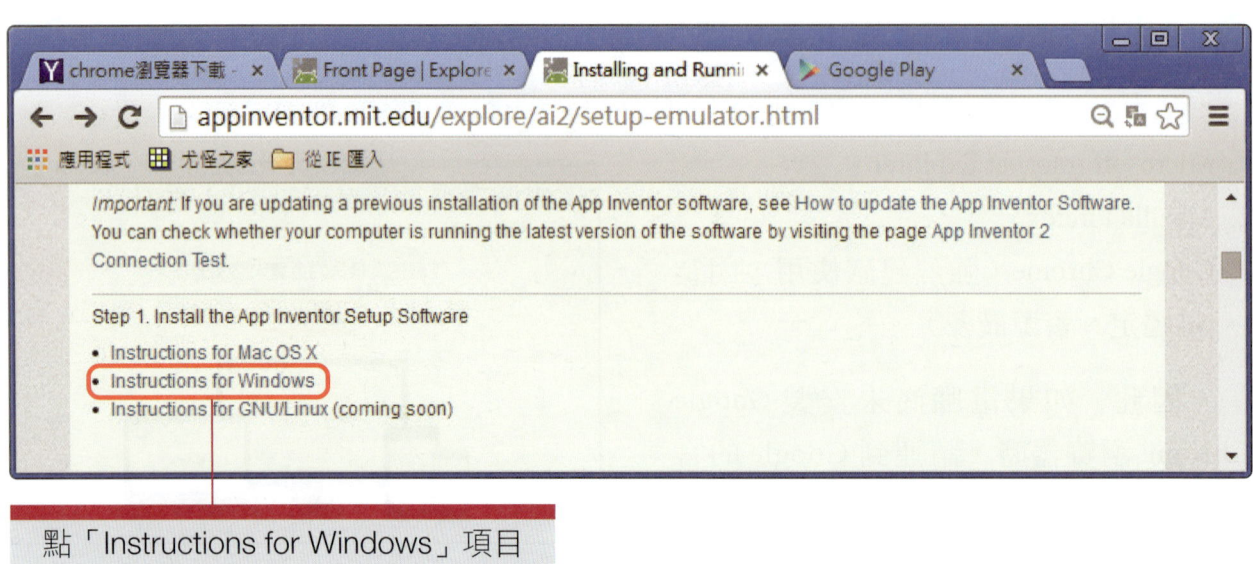

點「Instructions for Windows」項目

步驟3　下載檔案

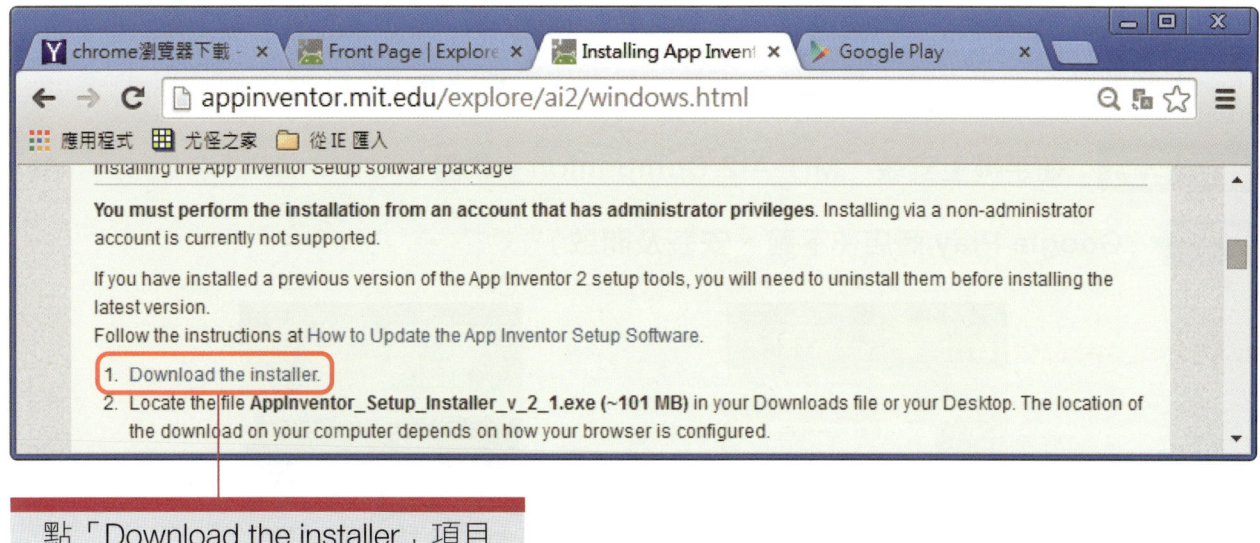

點「Download the installer」項目

步驟4　安裝檔案

步驟5　啟動桌面上的 aiStarter

在安裝完成之後，App Inventor 2 開發套件會安裝到「C:\Program Files (x86)\AppInventor」目錄下，其中「aiStarter 檔案」是負責「App Inventor 2」與「模擬器（Emulator）」及「USB 連接的手機」之間溝通。因此，想要利用模擬器來執行 App Inventor 2 程式時，必須要先啟動此檔案。

當安裝完成 App Inventor 2 開發套件之後，系統會自動將 aiStarter 檔案在桌面上建立捷徑。

安裝 MIT AI2 Companion

開發 App Inventor 2 程式之後，除了利用「模擬器（Emulator）」及 USB 連接的手機」來測試執行結果之外，最方便的方法就是利用手機透過 Wi-Fi 連線測試程式。

技能活動 在手機上安裝「MIT AI2 Companion」軟體

步驟 1 Google Play 商店（下載、安裝及開啟）

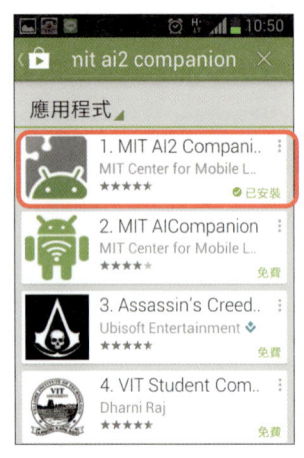
MIT AI2 Companion

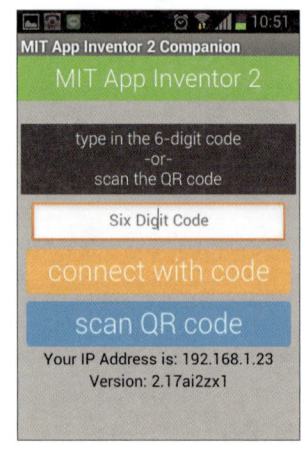
安裝後開啟

步驟 2 MIT App Inventor 官方網站

http://appinventor.mit.edu/explore/ai2/setup-device-wifi.html

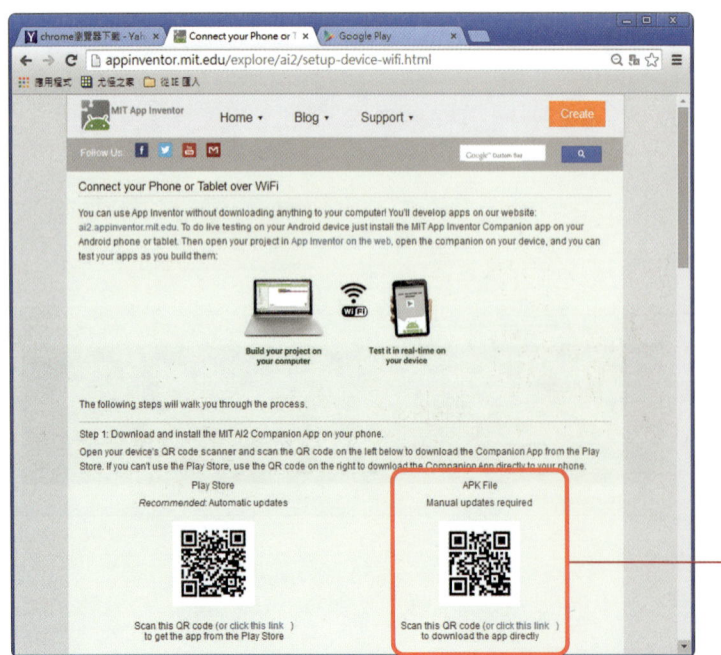

利用 QR Code 軟體 App 掃描後即可下載並安裝。

1-3 進到 App Inventor 2 雲端開發網頁

由於 App Inventor 2 是一套「雲端網頁操作模式」的整合開發環境，因此，必須要先利用瀏覽器（建議使用 Google Chrome）來連接到 MIT App Inventor 的官方網站，其完整的步驟如下：

步驟 1

開啟 Google Chrome 瀏覽器，並連到 http://ai2.appinventor.mit.edu，此時，如果尚未利用 Google 帳戶登入，則它會自動導向 Google 帳戶登入畫面。

此時，MIT App Inventor 的官方網站會詢問，是否可以允許存取 Google 帳戶，建議按「Allow」鈕。它會將 Google 帳戶分享給 App Inventor 2，請放心，不會將在 Google 帳戶中的密碼及個人資訊分享出去。

步驟 2

「App Inventor」會詢問是否要填寫「問卷調查」。請暫時按「Take Survey Later」。

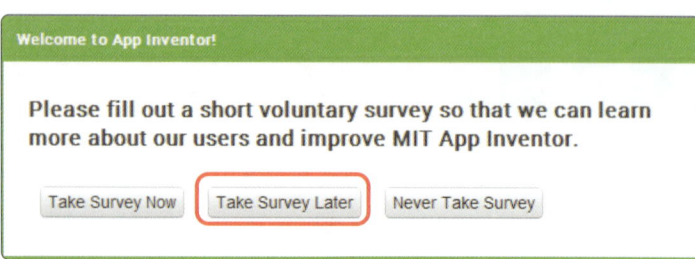

步驟 3

出現歡迎的畫面，請再按「Continue」鈕即可。

步驟 4

App Inventor 的「專案管理平台」會去檢查目前是否已經開發 App Inventor 專案程式，如果沒有就會出現如右畫面。

步驟 5

App Inventor 的專案管理平台：由於尚未新增「專案名稱」，所以，目前沒有任何專案在平台上。

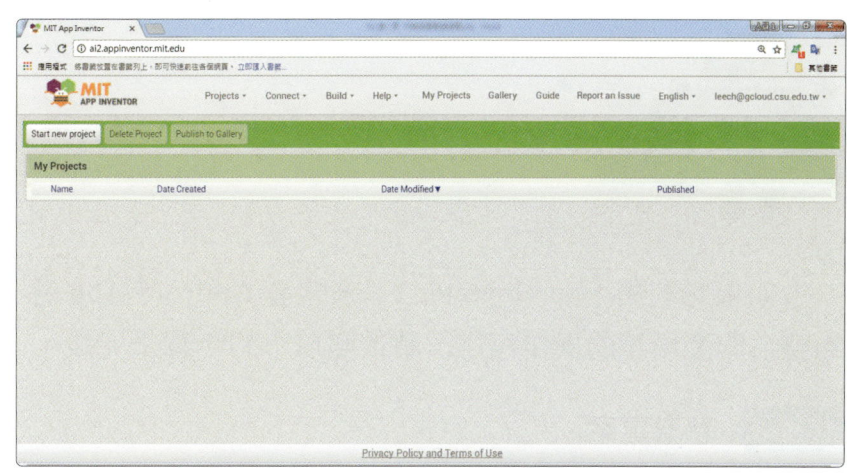

步驟 6

切換到「繁體中文」操作介面。

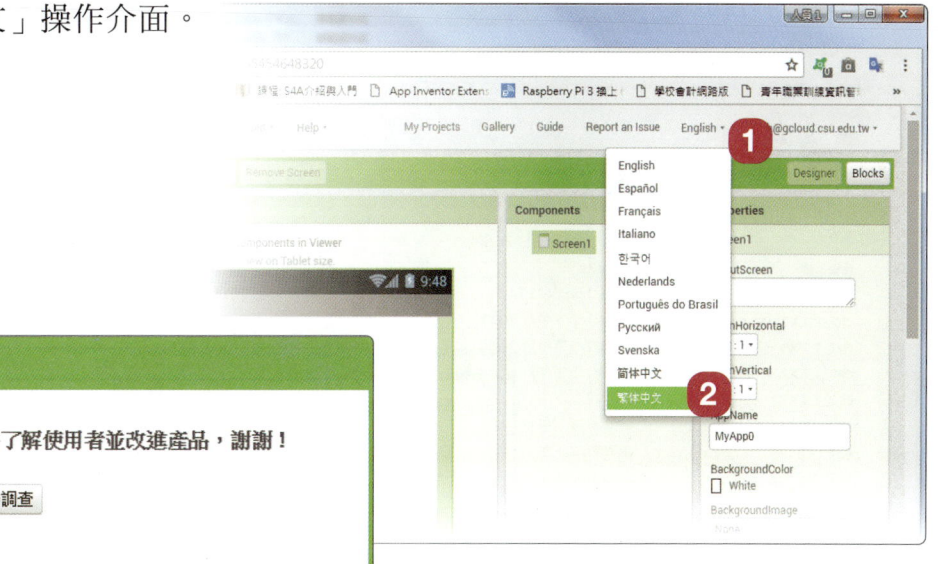

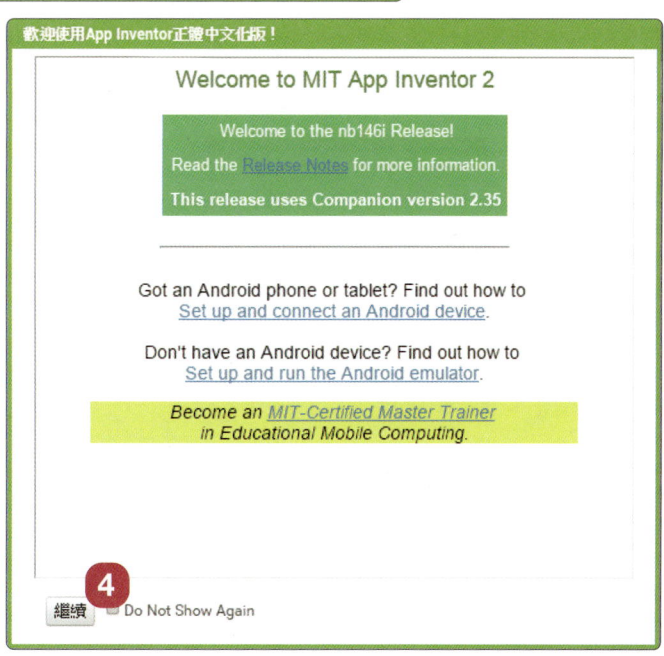

1-4 App Inventor 2 的中文介面整合開發環境

如果想利用「App Inventor 2」來開發 Android App 時，必須要先熟悉 App Inventor 2 的整合開發環境的操作程序，請依照以下的步驟來完成。

步驟 1 新增專案

新增專案的命名之注意事項：

1. 不可使用「中文字」來命名。
2. 只能使用大、小寫英文字母、數字及底線符號「_」。
3. 新增專案的第一個必須是大、小寫英文字母。

步驟 2 進入設計者（Designer）畫面

在「新增專案」之後，App Inventor 2 開發平台立即進入到「畫面編排」的開發介面環境。基本上，「App Inventor 2」拼圖語言的操作環境中，分成四大區塊：

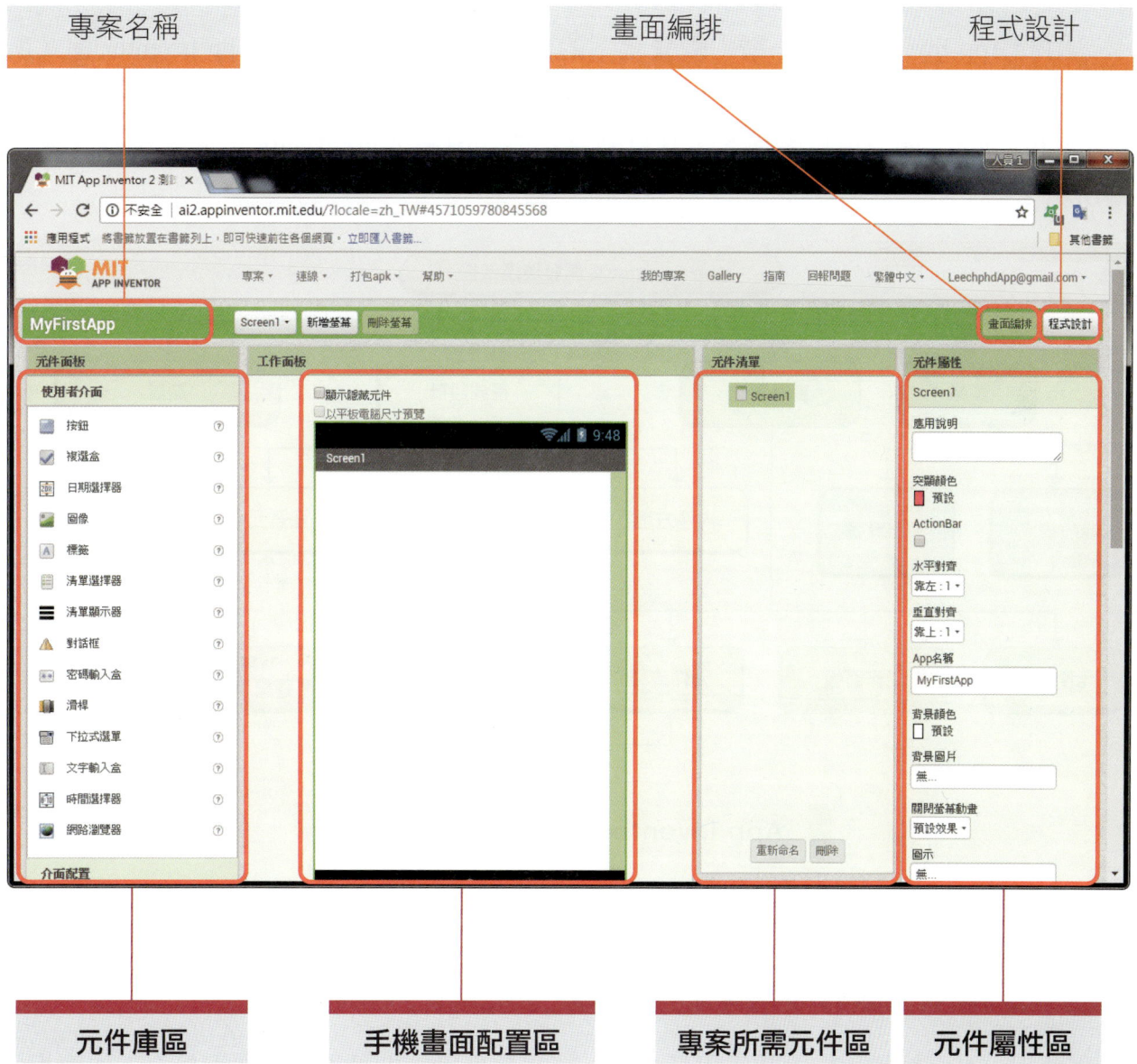

1-5 App Inventor 2 開發環境架構及開發流程

由於 App Inventor 2 是一種「視覺化」的開發工具，也就是說，App Inventor 程式所設計出來的畫面，使用者可以在手機上輕鬆操作所需要的功能。接下來，我們再來說明「App Inventor 2 開發環境架構」，其目的為更能夠瞭解 App Inventor 的階層關係。如下圖所示：

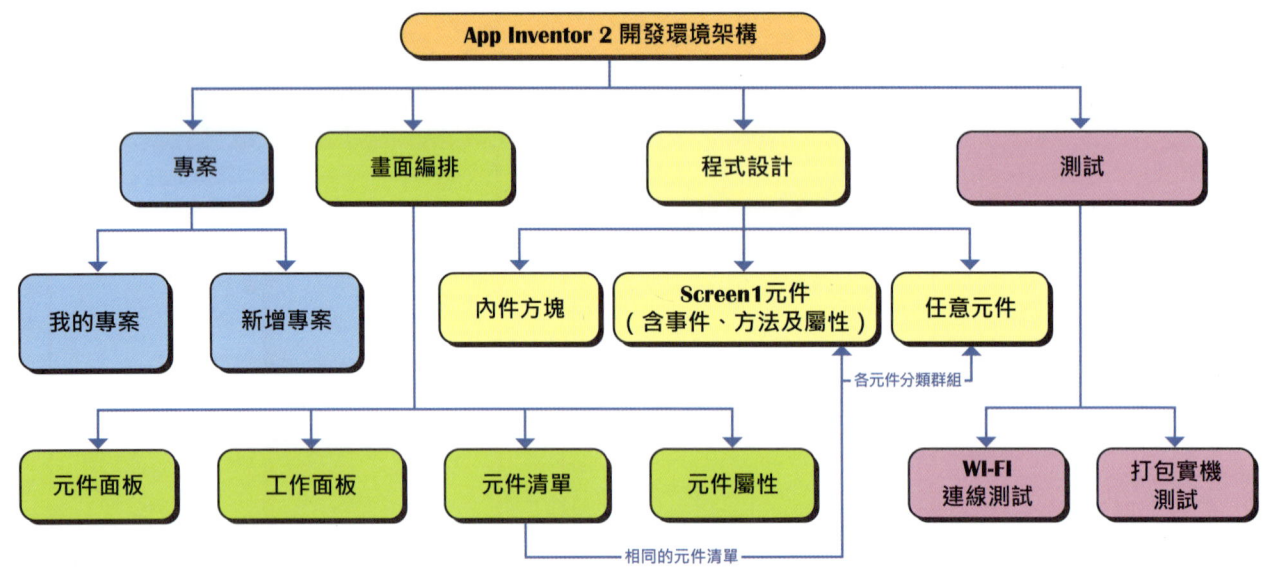

App Inventor 2 開發環境架構圖

在上圖中，可清楚瞭解想要開發一支 Android 手機程式時，必須依序以下步驟完成：

1. 從左邊「專案」開始「新增專案」或啟動「我的專案」中的程式。

2. 再透過「畫面編排」來設計使用者介面，其開發環境有四種區（元件面板、工作面板、元件清單及元件屬性）。

3. 再透過「程式設計」來設計相關的處理程序，其開發工具有三大類（內件方塊、Screen1 內的元件之相關屬性、事件及方法，還有任意元件。

4. 最後，再透過「模擬器或實機測試」，而「實機測試」為先利用 Wi-Fi 連線測試如果成功，再打包成 .apk 檔，下載並安裝手機中來執行 App。

接下來，再來進一步說明 App Inventor 開發流程。

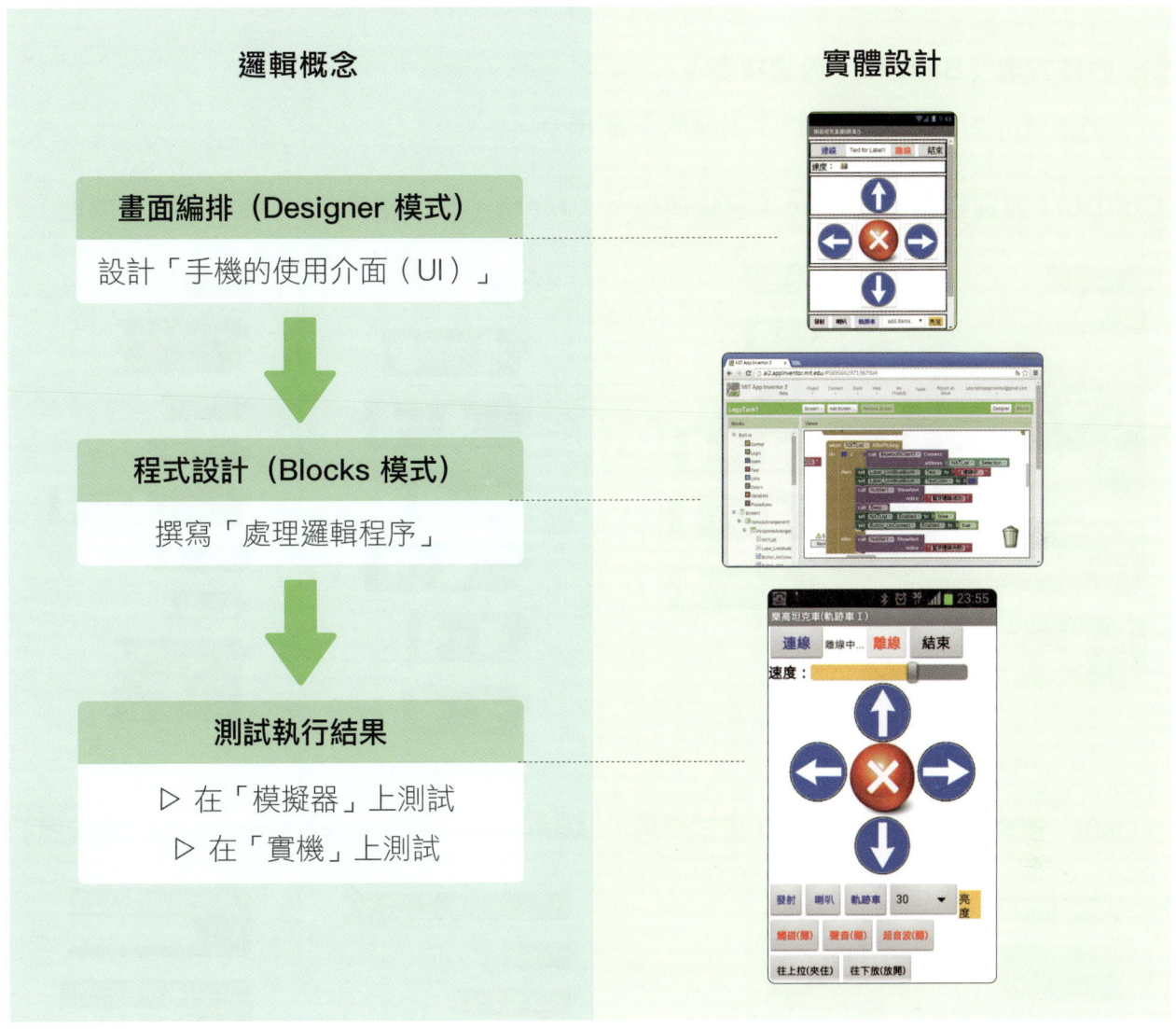

在撰寫手機程式之前，必須要先瞭解每一支 App Inventor 程式都是由兩個部分組合而成，分別為「介面」及「程式」。因此，必須要完成以下五大步驟：

畫面編排	步驟一：從「元件面板」加入元件到「手機畫面配置區」
	步驟二：在「專案所需元件區」修改「選取元件」的元件名稱
	步驟三：在「元件屬性區」設定「選取元件」的屬性之屬性值
程式設計	步驟四：撰寫拼圖程式
	步驟五：測試執行結果（Android 模擬器測試及實機測試）

技能活動 程式設計（Blocks 模式）：撰寫拼圖程式。

在撰寫拼圖程式的環境中，左側共有三大項目，分別為：

① 內件方塊（Built-in；內建指令）

是指 App Inventor 2 軟體中內建的全部指令。

Control（流程控制）	Logic（邏輯運算）	Math（數值運算）	Text（字串處理）
如果／則 對於任意 數字 範圍從 1 到 5 每次增加 1 執行 對於任意 清單項目 清單 執行 當 滿足條件 執行 ……more	真 假 非 ＝ 與 或	0 ＝ ＋ － × ／ ^ ……more	" " 合併文字 求長度 是否為空 文字比較 ＜ 刪除空格 大寫 求字串在文字中的起始位置 ……more
Lists（清單陣列）	**Colors（設定顏色）**	**Variables（宣告變數）**	**Procedures（副程式）**
建立空清單 建立清單 增加清單項目 清單 清單項目 檢查清單中是否含對象 求清單長度 清單 清單是否為空？ 清單 隨機選取清單項 清單 ……more	（黑、白、紅、粉、黃、黃綠、綠） ……more	初始化全域變數 變數名 為 取 設置 為 初始化區域變數 變數名 為 作用範圍 初始化區域變數 變數名 為 作用範圍	定義程序 程序名 執行 定義程序 程序名 回傳

2 Screen（頁面元件）

是指設計者在 Screen 頁面中布置的元件，它會自動載入相關的觸發事件、方法及屬性的拼圖，以便讓設計者可以直接透過「拖、拉、放」來撰寫拼圖程式。

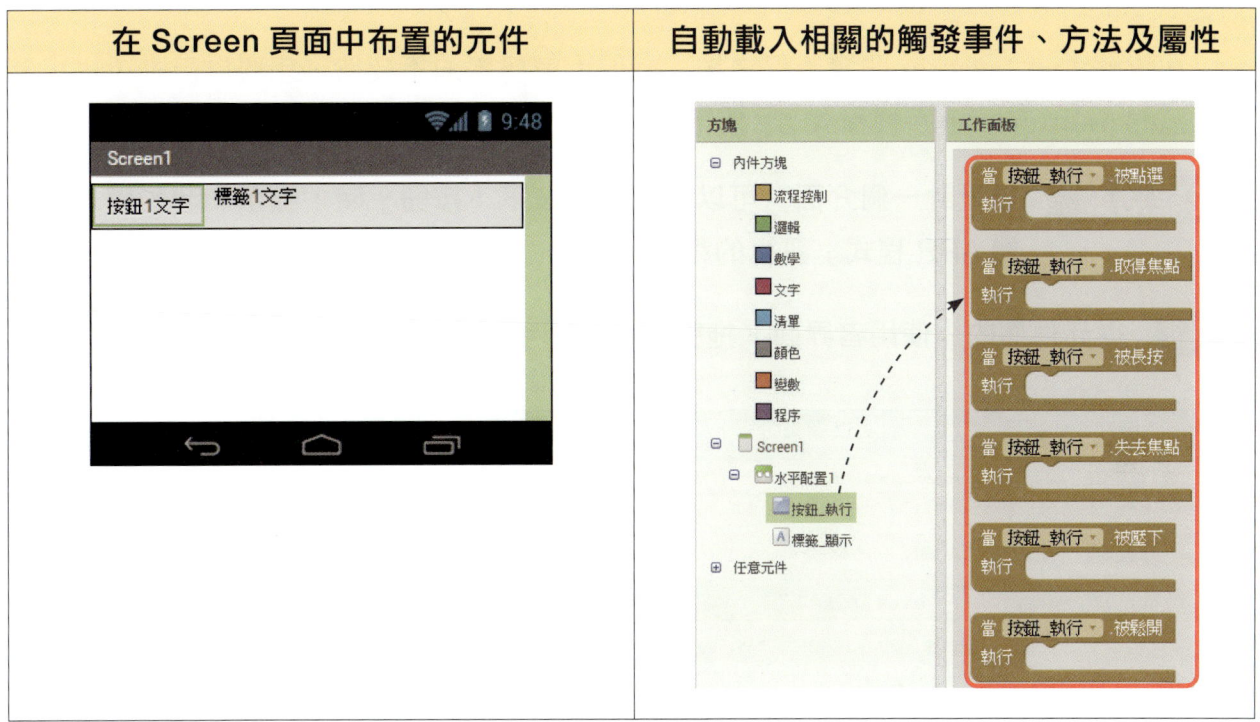

3 任意元件（Advanced；進階功能）

是指設計者在 Screen 頁面中布置的元件，也會自動產生對應的進階功能之拼圖，以便讓設計者設定同類元件的共同屬性。

例如：同時設定「按鈕 1」與「按鈕 2」兩個元件的大小、顏色及字體等屬性。

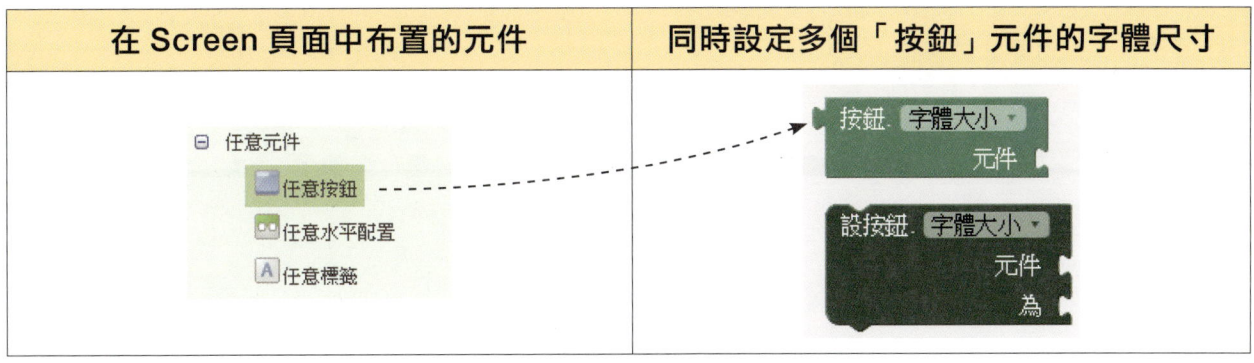

1-6 撰寫第一支 App Inventor 2 程式

在瞭解 App Inventor 開發流程之後，相信大家已經迫不及待，想要自己動手拼出屬於自己的 Android App 手機程式了。接下來，就來開始撰寫第一支 App Inventor 2 程式吧！

技能活動 請設計一個介面，可以讓使用者按下「按鈕」時，顯示「我的第一支手機 APP 程式」訊息的程式。

步驟 1 從元件庫的「使用者界面」拖曳元件到「手機畫面配置區」

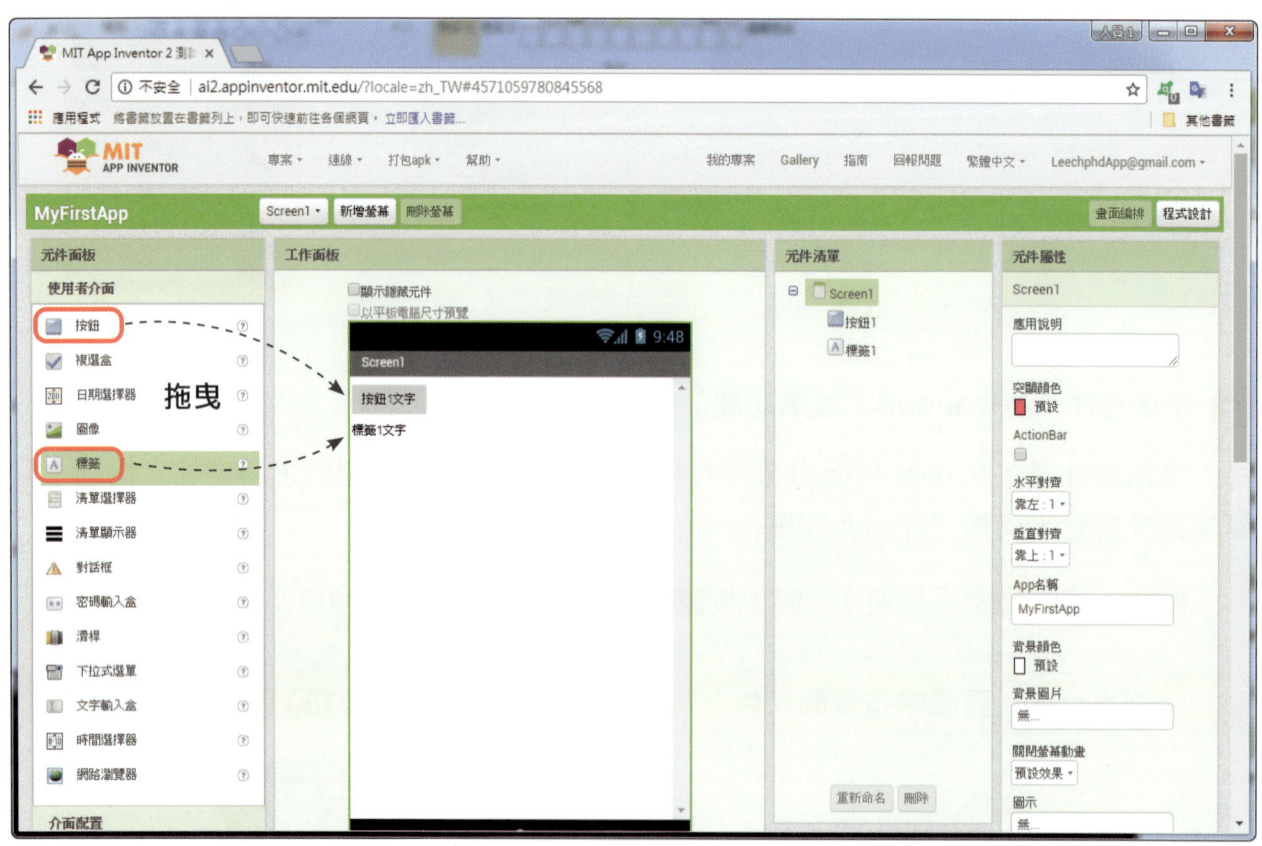

請加入「按鈕 1 文字」與「標籤 1 文字」兩個元件。

步驟 2 在「專案所需元件區」修改「選取元件」的元件名稱

元件名稱	屬性	屬性值
按鈕 1	重新命名	按鈕 _ 執行
標籤 1	重新命名	標籤 _ 顯示

修改元件名稱的原則：
1. 底線的「前面」保留元件的類別名稱。
2. 底線的「後面」改為元件的功能名稱。

例如：

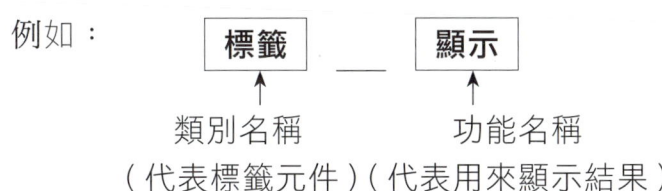

類別名稱　　　　功能名稱
（代表標籤元件）（代表用來顯示結果）

相同的方法，再將「標籤 1 文字」更名為「標籤 _ 顯示」。

步驟 3 設定元件的屬性之屬性值

物件名稱	屬性	屬性值
按鈕_執行	文字	請按我

每一個元件的相關屬性的詳細介紹，請參考第 3 章。

步驟 4　撰寫拼圖程式

1 加入「按鈕_執行」元件的程式拼圖

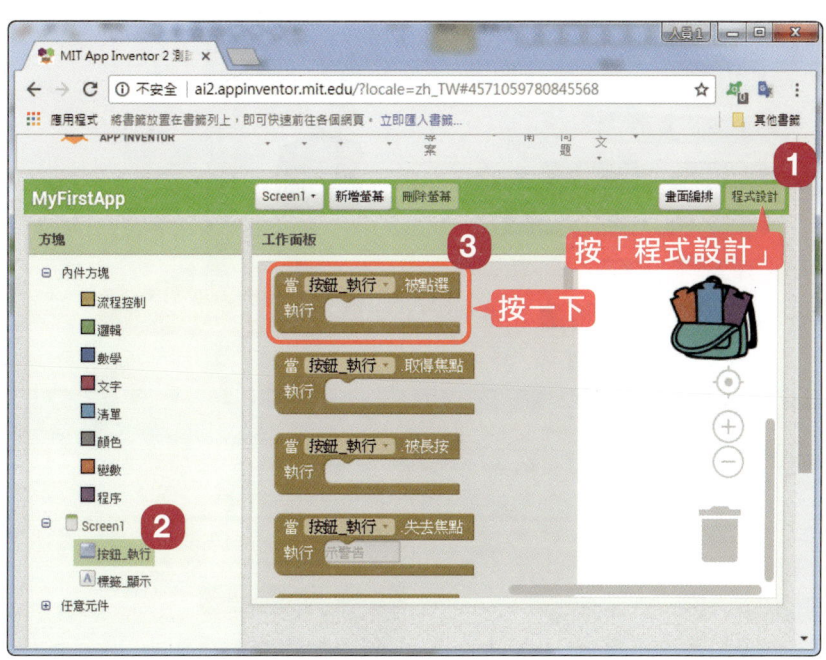

選擇元件需使用的「事件」，在本例子中，使用「被點選」事件。

在上圖中，呈現剛才選擇元件之事件。它代表當「按鈕_執行」鈕被按下時執行所包含的動作。

2 加入「標籤_顯示」元件的程式拼圖

當「標籤_顯示」拼塊的凹口與「按鈕_執行」拼塊的凸口處有接合時，則會發出「咔」一聲，代表兩個拼塊正確接合，如下圖所示。

代表設定「標籤_顯示」元件的「文字」內容為本指令右方插槽中的參數。

③ 加入「來源字串資料」的程式拼圖

將其內容改為「我的第一支手機 App 程式」。

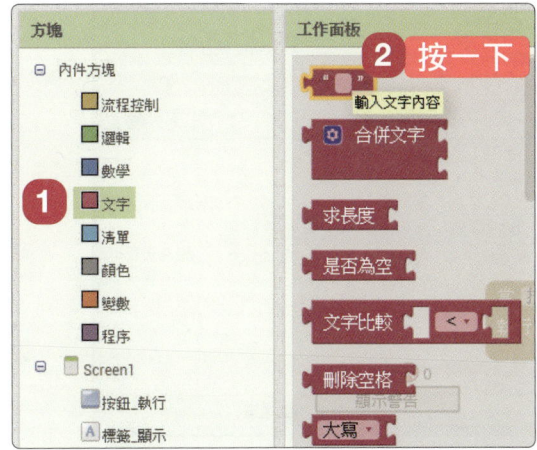
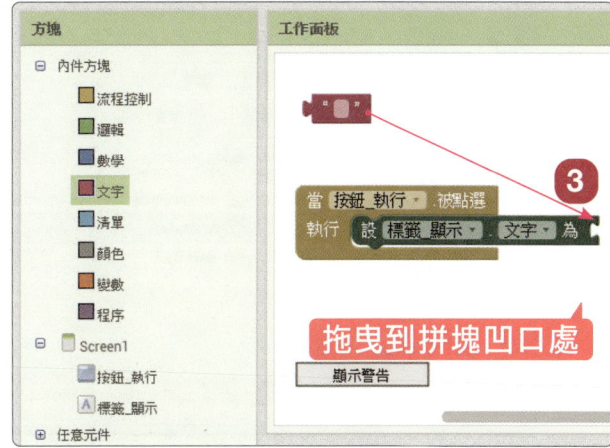

步驟 5 測試執行結果（模擬器測試）

① 啟動 aiStarter

桌面上啟動 aiStarter

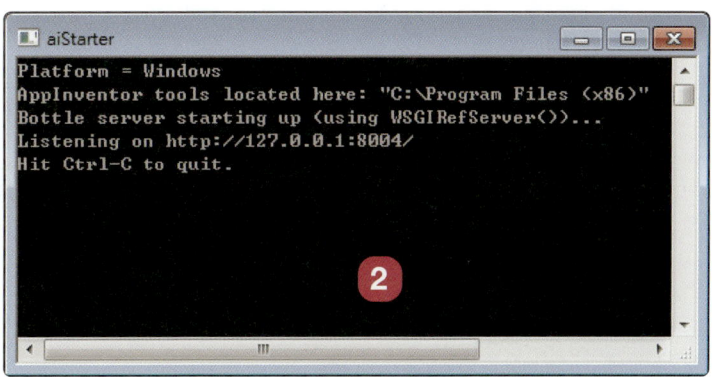

啟動後的畫面

aiStarter 儲存目錄：如果桌面上沒有找到「aiStarter 捷徑」，請到以下路徑執行 aiStarter 程式。

2 執行「連線／模擬器」指令

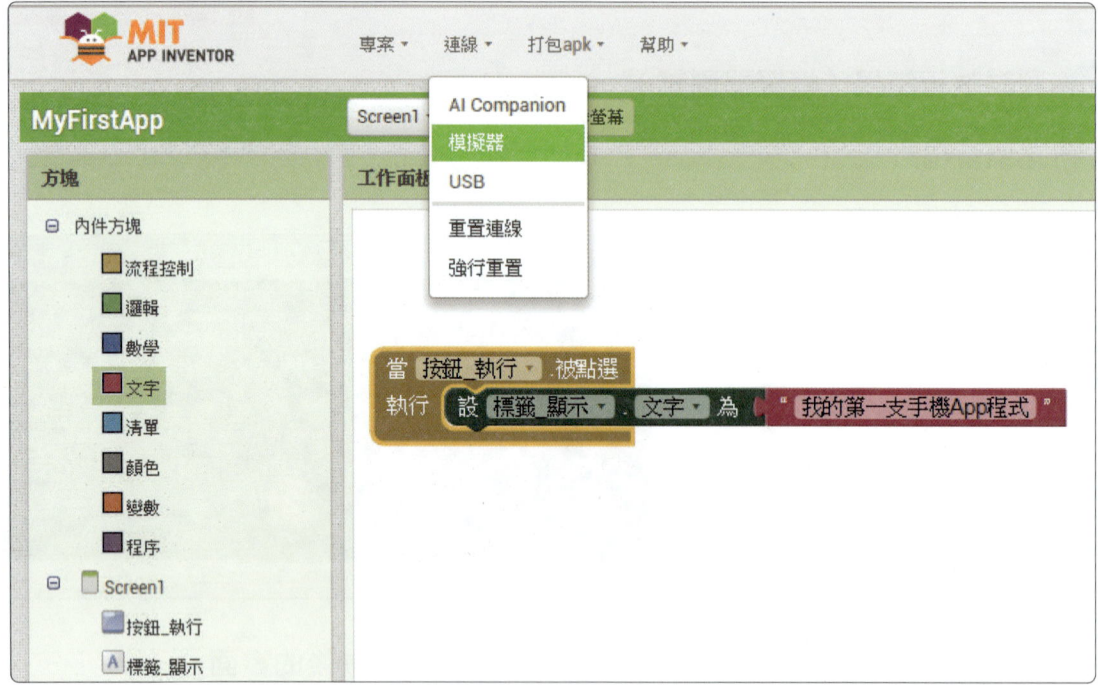

如果啟動「模擬器」時，尚未先啟動 aiStarter 程式，則會顯示以下的訊息方塊。此時，請按「確定」鈕即可。

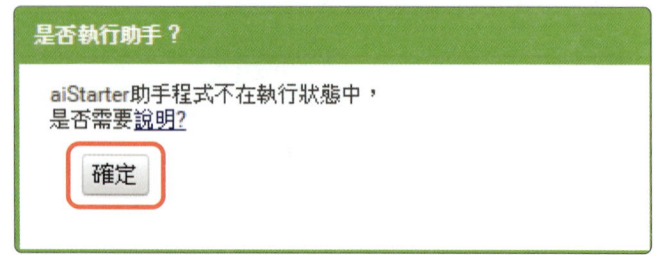

3 正在啟動「Android 模擬器」時的等待介面（1～2 分鐘）

4 解鎖

　　畫面上就會出現「模擬器」，請將鎖頭往右移動，即可解鎖。

5 檢查 AI2 Companion 元件的版本並更新

　　如果是第一次啟動模擬器時，它會檢查 AI2 Companion 元件的版本是否有更新，如果尚未更新時，它會顯示右下的訊息方塊。此時，請按「確定」鈕即可。

　　在右圖中按下「確定」鈕之後，此時，就會出現「軟體升級」的對話方塊，請按「升級完成」即可。

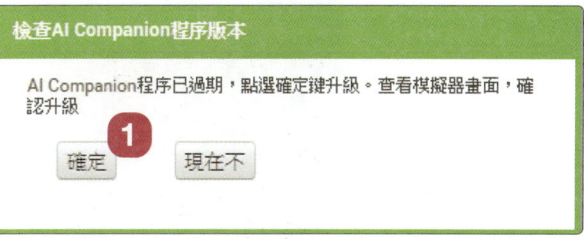

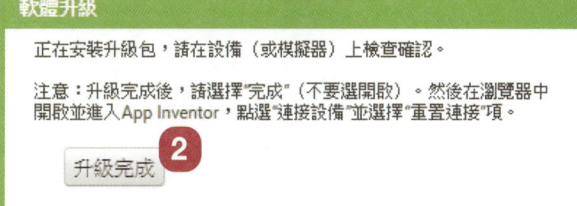

6 在「模擬器」上就會出現「軟體升級」對話方塊，請按「OK」鈕，再按「Install」鈕。此時，就會開始安裝「MIT AI2 Companion」

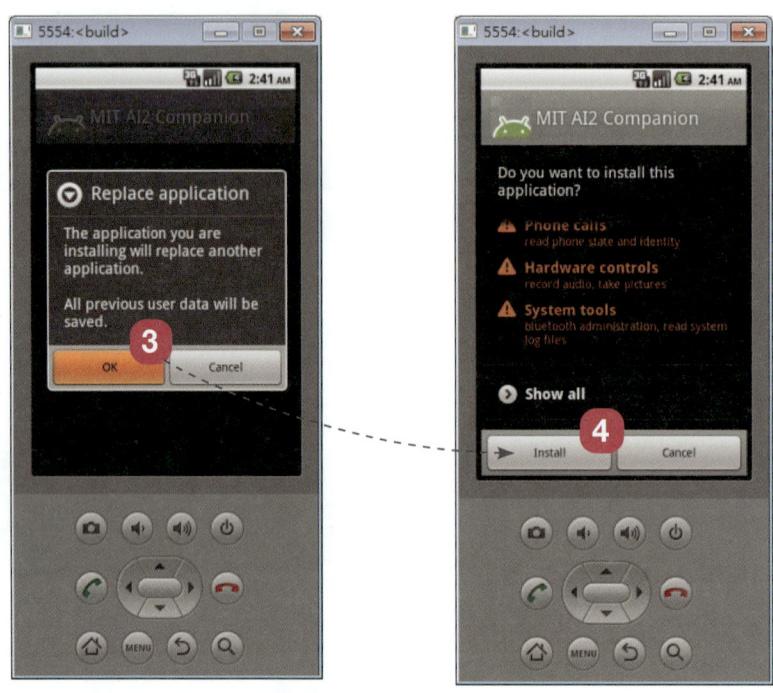

安裝完成之後，再按「Open」即可。此時，「模擬器」的桌面上就會出現「MIT AI2 Companion」圖示。

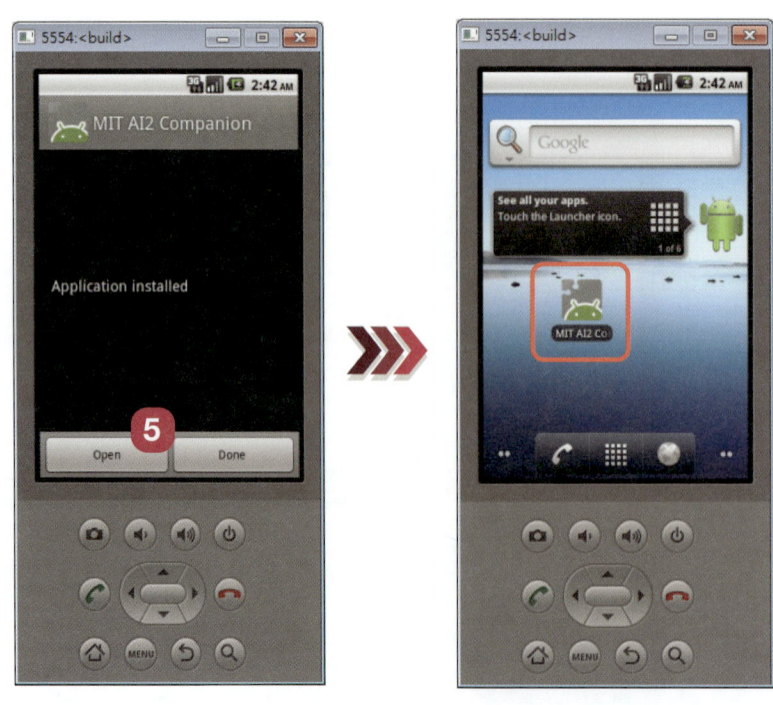

7 模擬器測試

此時，請再重新執行一次「模擬器」；但是，如果無法選擇此項目時，請先按「重置連線」。

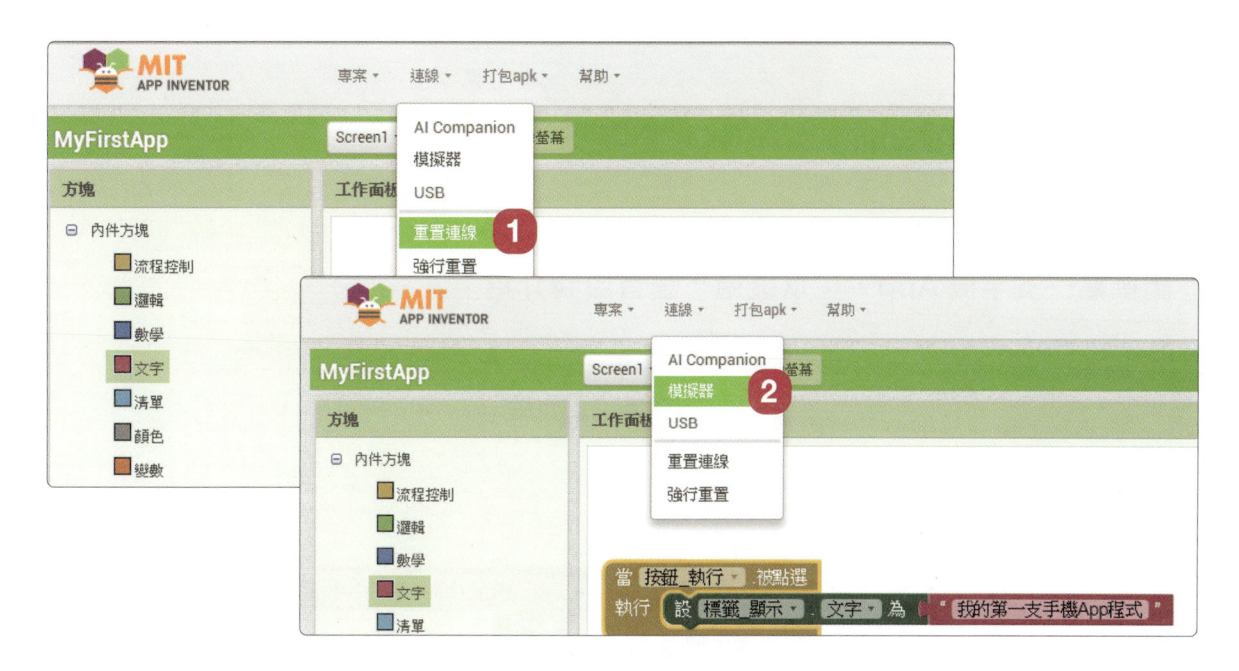

執行畫面

模擬器測試	aiStarter 程式 Emulator-5554

aiStarter 程式執行設備可以看到「emulator-5554」

盡量使用實機進行測試，因為模擬器的啟動必須花費較長的時間，並且有些功能無法模擬，例如：照相機、感測器等。

實作題

請撰寫一支手機 App，可以透過「語音自我介紹」。

拼圖程式 **MyfirstApp_EX.aia**

```
當 按鈕_執行 被點選
執行  設 標籤_顯示.文字 為 " 我是正修科大李春雄老師 "
      呼叫 文字語音轉換器1.唸出文字
                        訊息  標籤_顯示.文字
```

Chapter 2

手機遊戲的設計原理

　　現代人幾乎人手一機，並且大部分使用者都會使用「智慧型手機」。因此，手機除了提供使用者通訊之外，還可以讓使用者自行下載喜歡的 App 軟體及安裝。因此，大多數人在空閒時間都會利用手機來玩遊戲。

　　但是，身在資訊化時代的學生們，如果只會利用手機玩遊戲，而不會寫手機 App 程式，那就有一點落伍了。

　　有鑑於此，筆者在本章中，帶領大家利用圖控拼圖程式（AI2）來撰寫簡易的手機 App 遊戲程式。

2-1 動畫的基本概念

定義

是指利用「繪圖軟體」或「手繪方式」來呈現「卡通漫畫式」內容。

動畫與視訊的差異與相同之處

差異
1. 動畫是以「繪圖軟體」或「手繪」為主要的工具，所以一般用來呈現「虛擬」的情境。
2. 視訊是以「攝影機」為主要的取景工具，所以一般用來呈現「真實」的情境。

相同
1. 都是利用眼睛「視覺暫留」原理。
2. 都是可以透過軟體進行「剪接、配樂與特效」設計。

視覺暫留 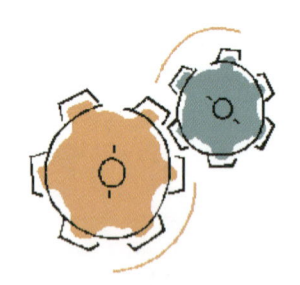　　連續播放 　　動畫的效果

動畫基本原理

是指讓「動態圖片元件」在「畫布」中，隨著時間變化來改變「狀態或位置」，以產生動畫的效果。

技能活動 1 以「發桌球」為例，「改變圖片狀態」物件的位置相同，但圖片不同：

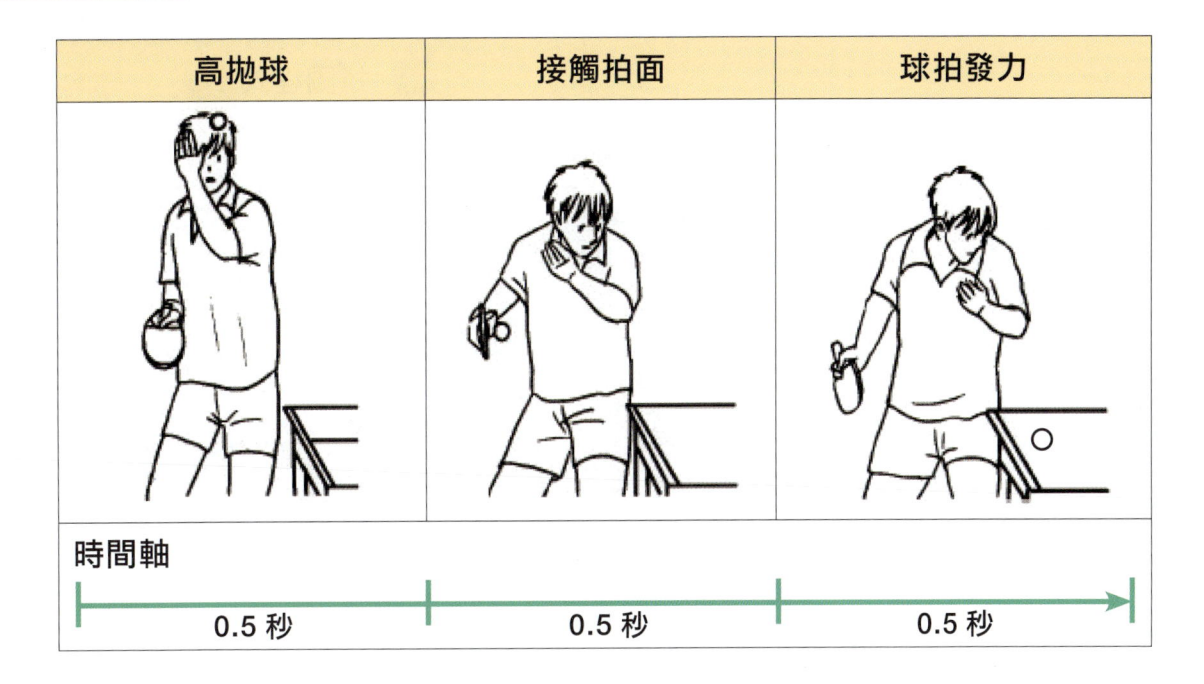

高拋球	接觸拍面	球拍發力

時間軸

0.5 秒	0.5 秒	0.5 秒

介面設計

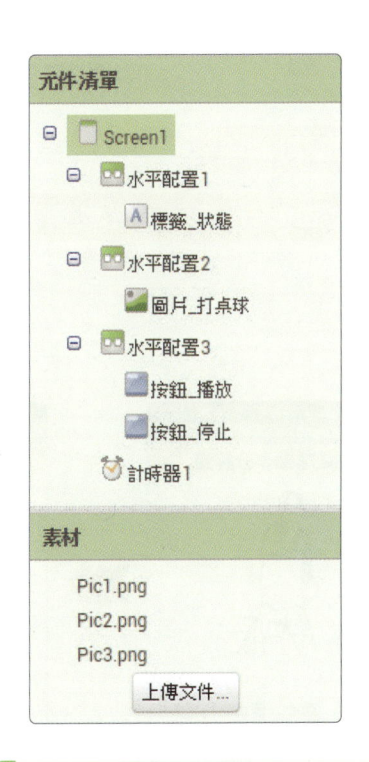

手機介面設計

專案所需元件

元件清單
- Screen1
  - 水平配置1
    - 標籤_狀態
  - 水平配置2
    - 圖片_打桌球
  - 水平配置3
    - 按鈕_播放
    - 按鈕_停止
  - 計時器1

素材
Pic1.png
Pic2.png
Pic3.png
上傳文件…

程式設計

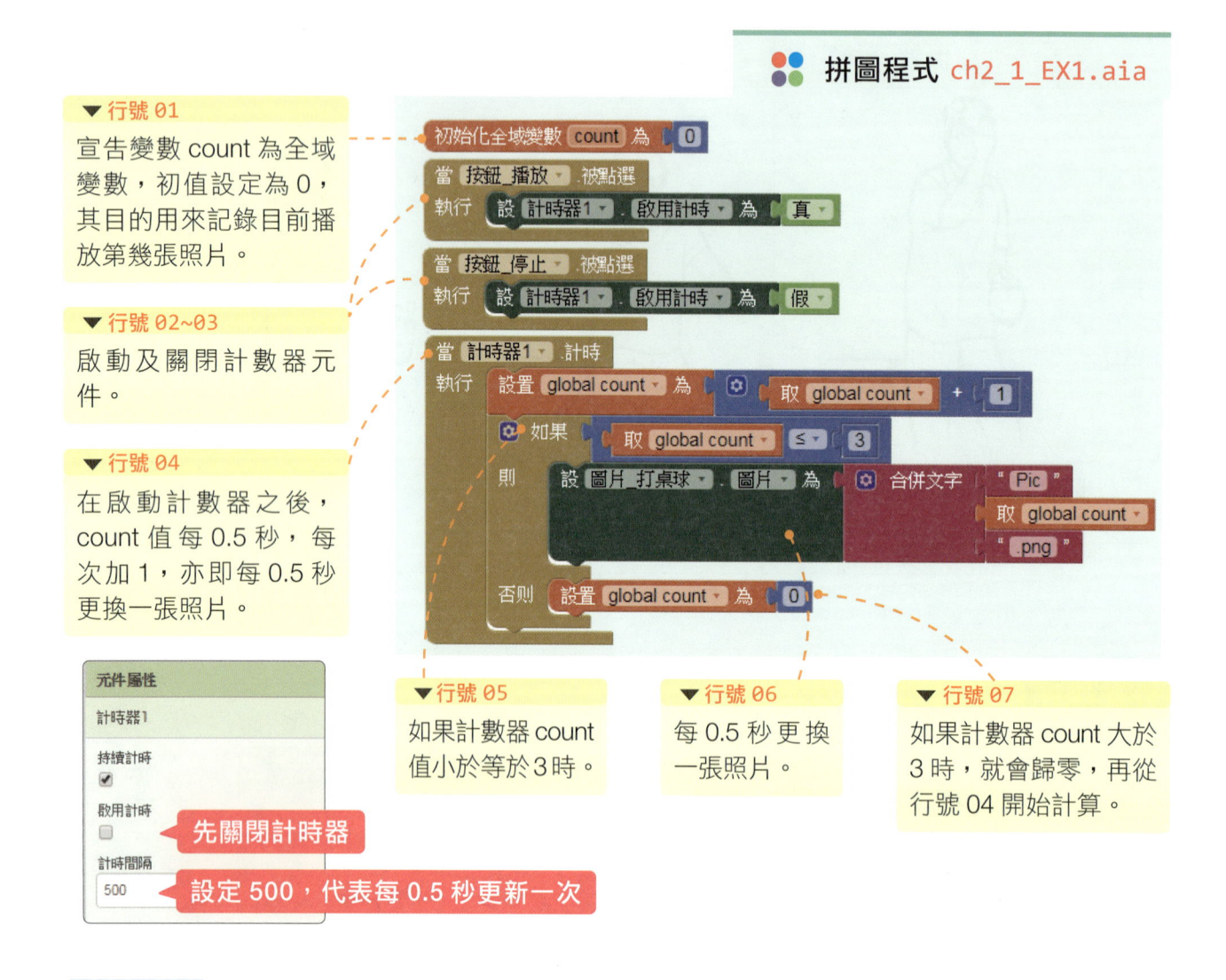

拼圖程式 ch2_1_EX1.aia

▼ 行號 01
宣告變數 count 為全域變數，初值設定為 0，其目的用來記錄目前播放第幾張照片。

▼ 行號 02~03
啟動及關閉計數器元件。

▼ 行號 04
在啟動計數器之後，count 值每 0.5 秒，每次加 1，亦即每 0.5 秒更換一張照片。

```
初始化全域變數 count 為 0

當 按鈕_播放 被點選
執行 設 計時器1 . 啟用計時 為 真

當 按鈕_停止 被點選
執行 設 計時器1 . 啟用計時 為 假

當 計時器1 . 計時
執行 設置 global count 為 取 global count + 1
    如果 取 global count ≤ 3
    則 設 圖片_打桌球 . 圖片 為 合併文字 "Pic"
                                       取 global count
                                       ".png"
    否則 設置 global count 為 0
```

元件屬性
計時器1
持續計時 ☑
啟用計時 ☐ ← 先關閉計時器
計時間隔
500 ← 設定 500，代表每 0.5 秒更新一次

▼ 行號 05
如果計數器 count 值小於等於 3 時。

▼ 行號 06
每 0.5 秒更換一張照片。

▼ 行號 07
如果計數器 count 大於 3 時，就會歸零，再從行號 04 開始計算。

執行畫面

轉播照片（第一張） ≫ 轉播照片（第二張） ≫ 轉播照片（第三張）

技能活動 2 以「超級跑車」為例，「改變畫布底圖」物件的圖片不相同，但位置相同。

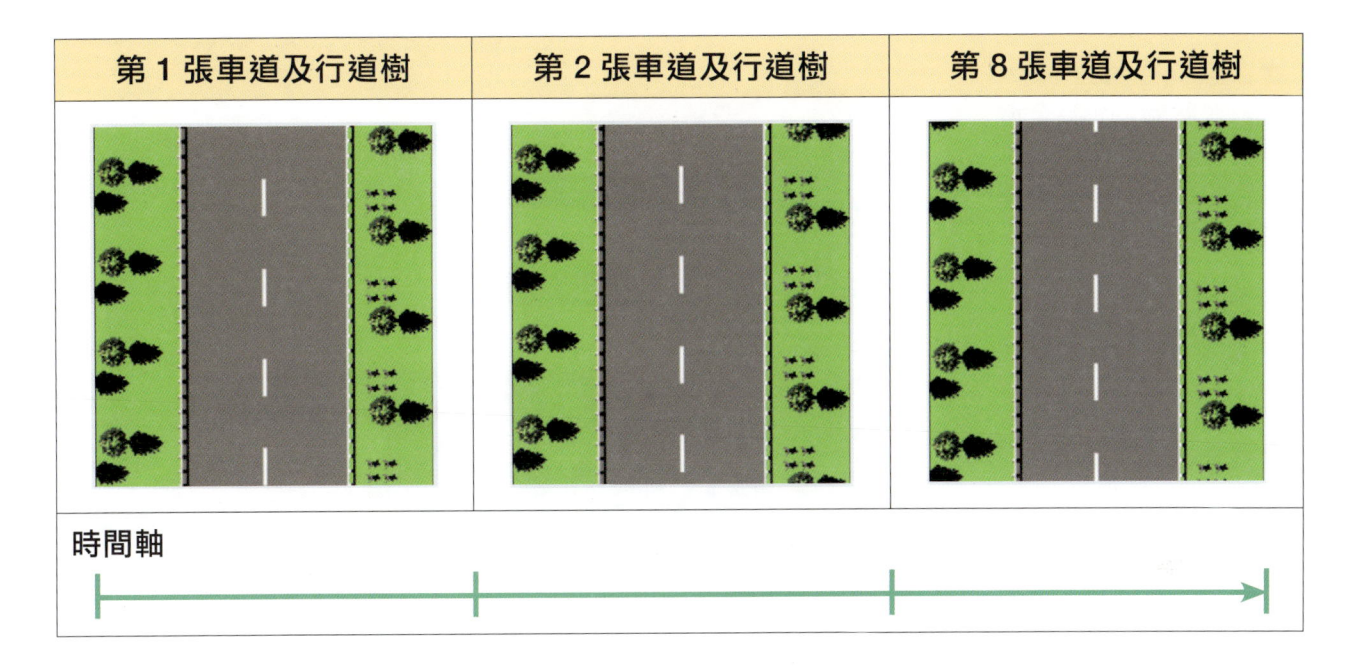

第 1 張車道及行道樹	第 2 張車道及行道樹	第 8 張車道及行道樹

時間軸

介面設計

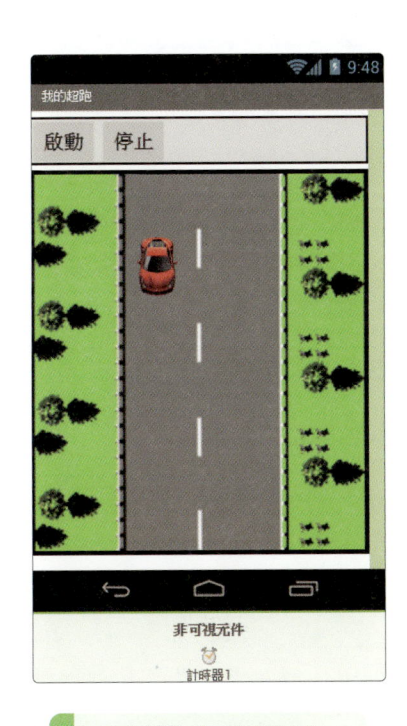

手機介面設計

專案所需元件

程式設計

拼圖程式 ch2_1_EX2.aia

▼ 行號 01
宣告變數 count 為全域變數，初值設定為 0，其目的用來記錄目前播放第幾張照片。

▼ 行號 02~03
啟動及關閉計數器元件。

▼ 行號 04
在啟動計數器之後，count 值每 0.5 秒，每次加 1，亦即每 0.5 秒更換一張照片。

▼ 行號 05~06
利用八張畫布底圖來輪流播放。

▼ 行號 07
如果計數器 count 大於 8 時，就會歸零，再從行號 04 開始計算。

▼ 行號 08
呼叫「RunCar」副程式。

▼ 行號 09
定義「RunCar」副程式，其目的用來移動跑車的位置。

▼ 行號 10
設定跑車的起點 Y 座標 (20)+ 每 0.1 秒移動的距離。

執行畫面

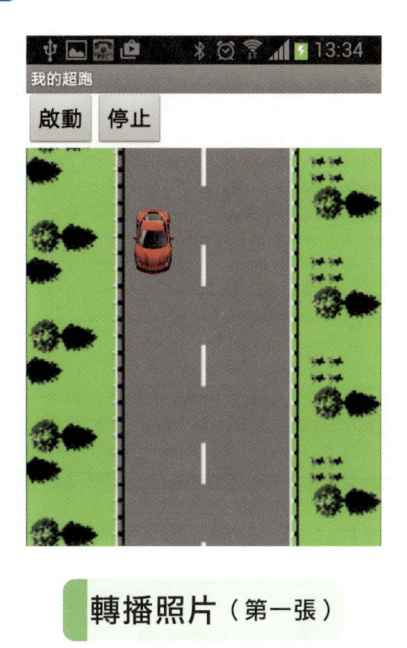

轉播照片（第一張）

轉播照片（第二張）

技能活動 3 以「打地鼠」為例，「改變圖片位置」物件的圖片相同，但位置不同。

介面設計

手機介面設計

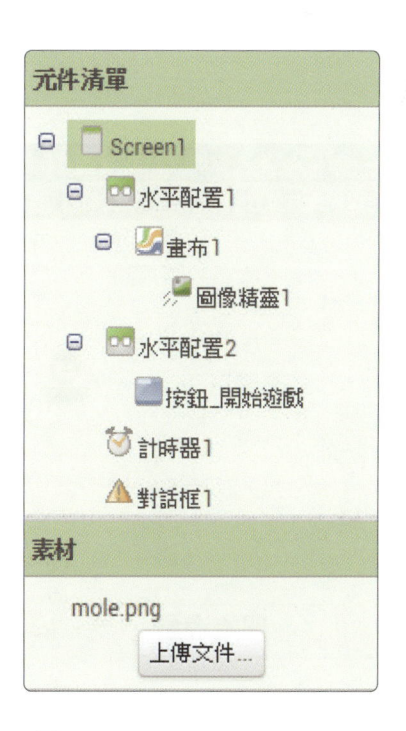

專案所需元件

程式設計

拼圖程式 ch2_1_EX3.aia

▼ 行號 01
頁面初始化時，設定計數器元件為關閉狀態（假）。

▼ 行號 02
設定計數器元件為開啟狀態（真）。

▼ 行號 03
當計數器元件的計時事件被執行時，就會開始透過隨機小數函數來產生不同的數值，再乘上畫面的長度及寬度，以決定地鼠的跑動位置。

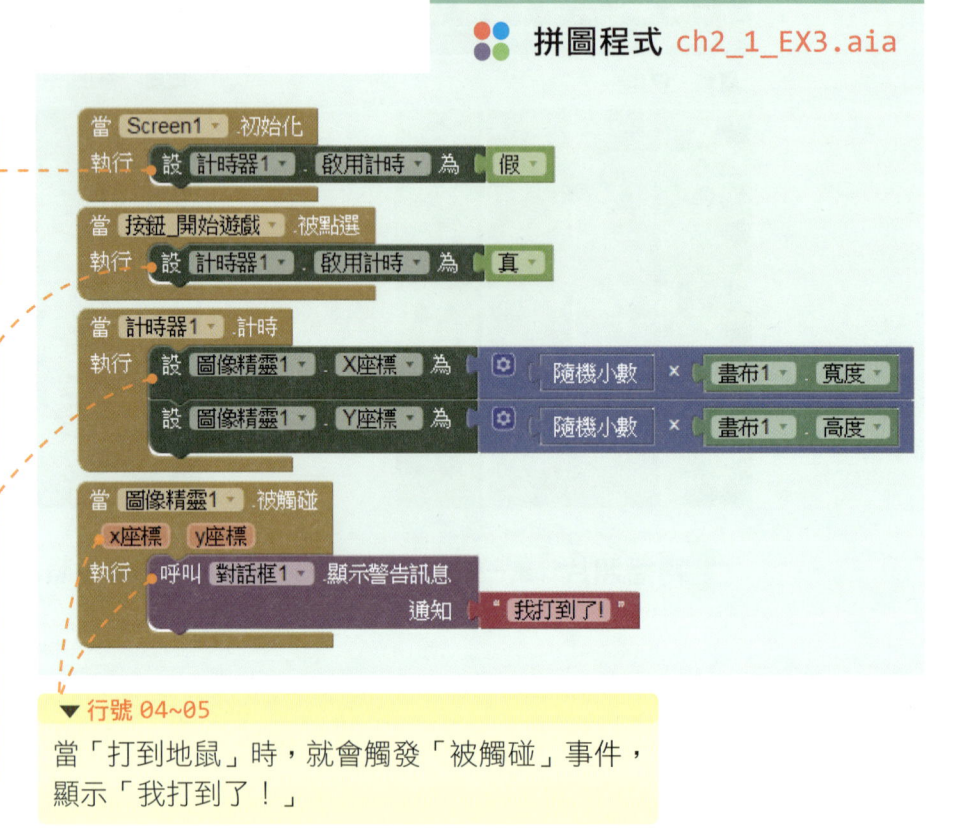

▼ 行號 04~05
當「打到地鼠」時，就會觸發「被觸碰」事件，顯示「我打到了！」

執行畫面

隨機更換位置　　　　使用者可以打地鼠

2-2 App Inventor 2 動畫的基本元件

在 App Inventor 2 拼圖程式中，它雖然只有三個基本元件，但是，它也可以設計及製作非常專業的手機遊戲的程式。其元件如右圖所示：

其三個基本元件的簡介如下：

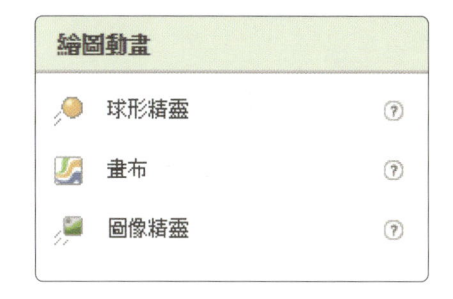

1. **Canvas（畫布）**：可以容納各種動畫的元件。

2. **ImageSprite（圖像精靈）**：可以在畫布上移動的「照片」元件，並且具有 Image 元件所沒有的「事件及方法」功能。

3. **Ball（球形動畫）**：可以在畫布上移動的「圖形」元件，以作為控制器、發射器或球體運動的遊戲。

在實務上，除了以上三個元件，必須要搭配「計時器」元件，它是用來設定動畫效果的計時器。

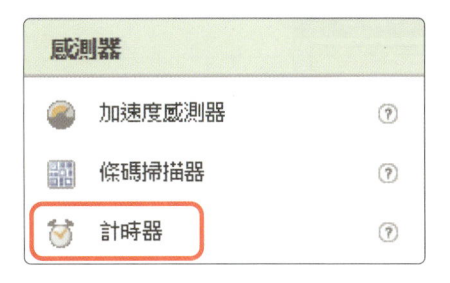

從前一單元的實作例子就可以得知「計時器」元件的使用方法。

接下來，再來實作 Image（圖像元件）與 ImageSprite（圖像精靈元件）之不同的功能。

技能活動 1 請先製作至少三張連續動作的照片（或上網找），透過 Image 元件及「計時器」元件來讓它連續播放，並且同時顯示該照片的中文解說及語音。

三張連續動作的照片

高拋球　　　　　接觸拍面　　　　　球拍發力

介面設計

手機介面設計 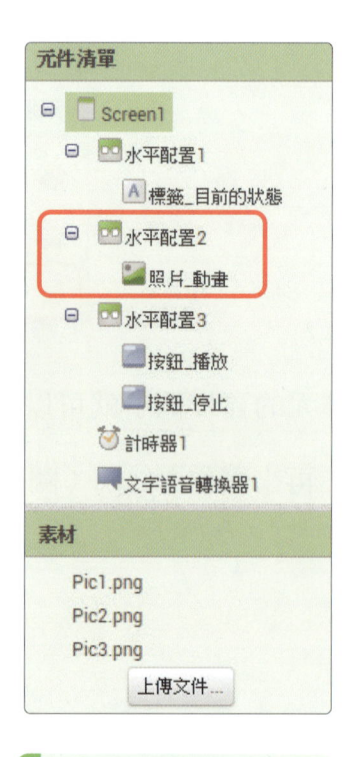　　　　　專案所需元件

程式設計

1 宣告變數、頁面初始化及「播放及停止」鈕之程式

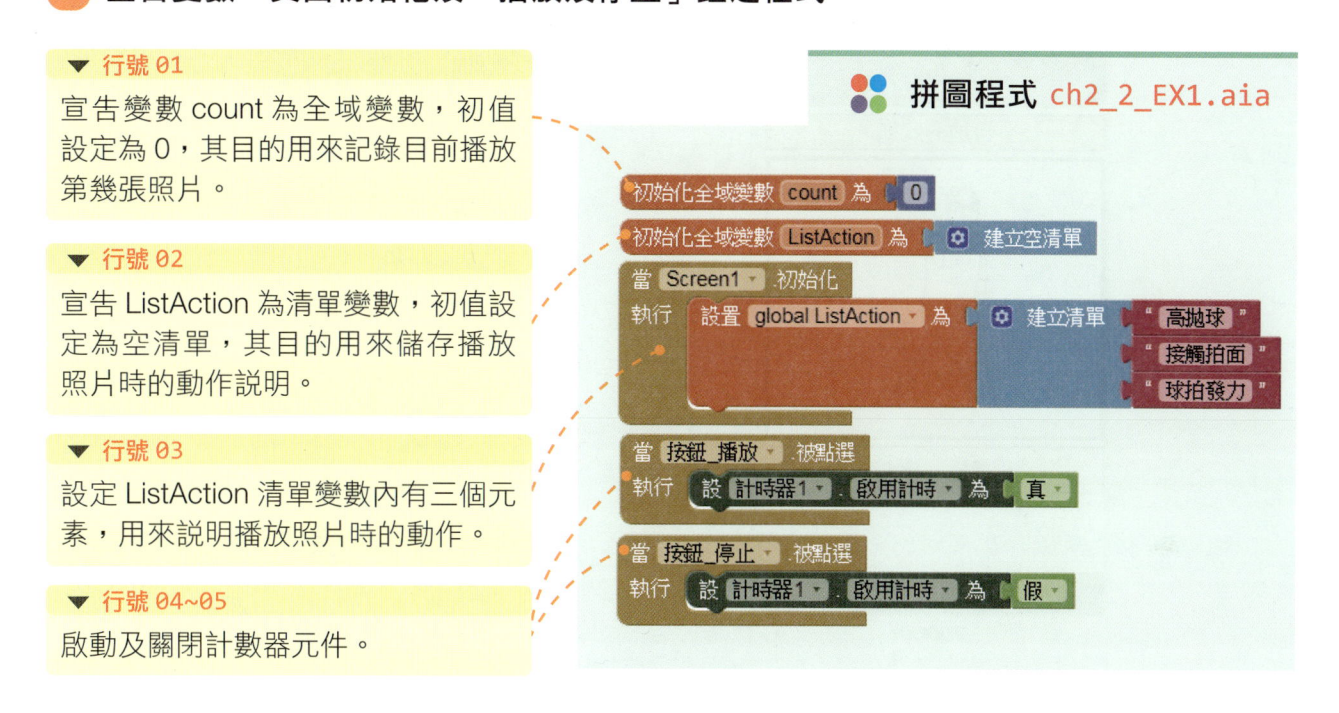

▼ 行號 01
宣告變數 count 為全域變數，初值設定為 0，其目的用來記錄目前播放第幾張照片。

▼ 行號 02
宣告 ListAction 為清單變數，初值設定為空清單，其目的用來儲存播放照片時的動作說明。

▼ 行號 03
設定 ListAction 清單變數內有三個元素，用來說明播放照片時的動作。

▼ 行號 04~05
啟動及關閉計數器元件。

拼圖程式 ch2_2_EX1.aia

2 啟動「Clock」時鐘元件的事件程序之程式

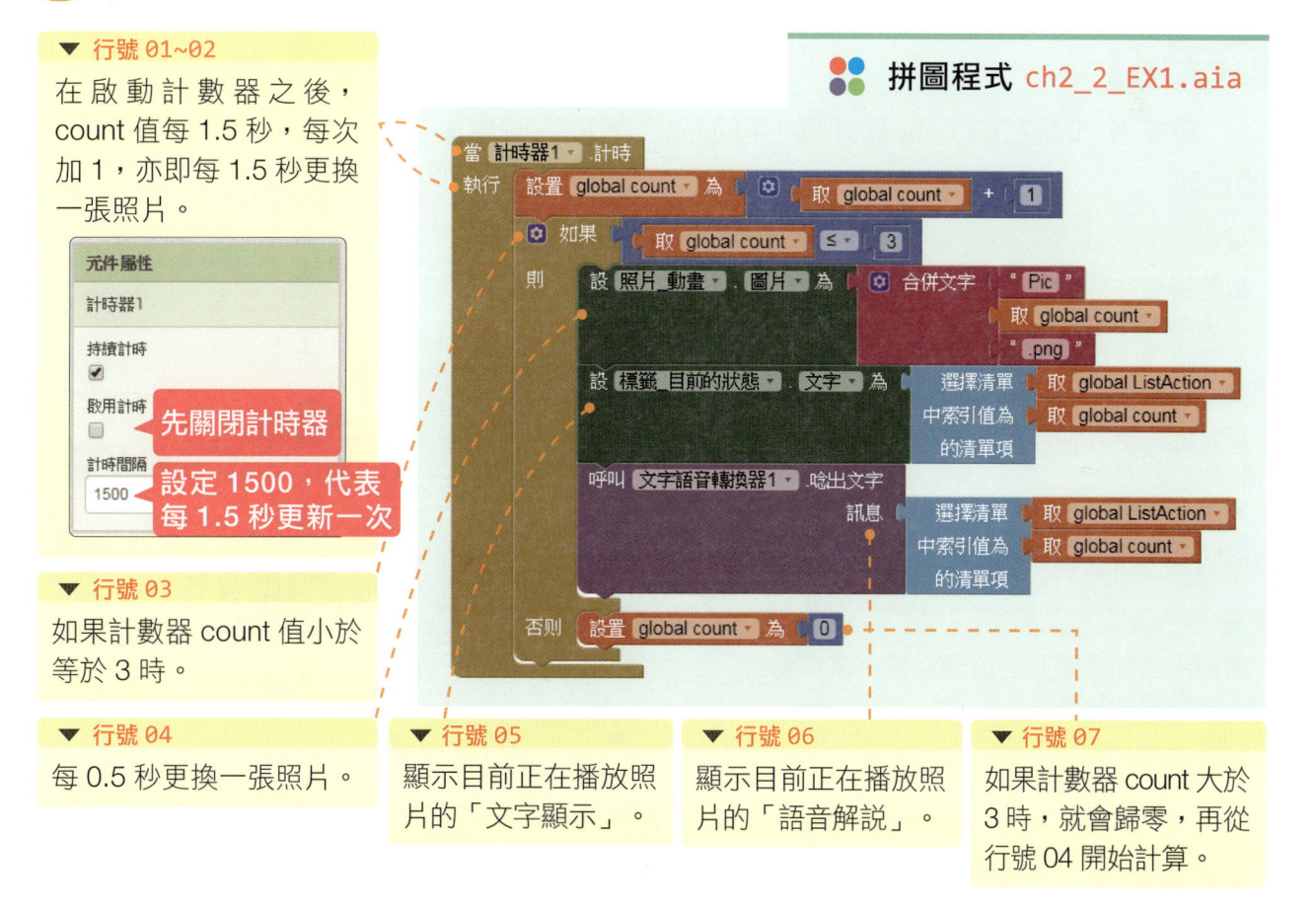

▼ 行號 01~02
在啟動計數器之後，count 值每 1.5 秒，每次加 1，亦即每 1.5 秒更換一張照片。

元件屬性
計時器1
持續計時 ✓
啟用計時 ☐　先關閉計時器
計時間隔
1500　設定 1500，代表每 1.5 秒更新一次

▼ 行號 03
如果計數器 count 值小於等於 3 時。

拼圖程式 ch2_2_EX1.aia

▼ 行號 04
每 0.5 秒更換一張照片。

▼ 行號 05
顯示目前正在播放照片的「文字顯示」。

▼ 行號 06
顯示目前正在播放照片的「語音解說」。

▼ 行號 07
如果計數器 count 大於 3 時，就會歸零，再從行號 04 開始計算。

技能活動 2 請先製作三張連續動作的照片,透過 ImageSprite 加入到 Canvas(畫布),讓它連續播放,並且同時顯示該照片的中文解說及語音。當按下時自動停止,放開時再連續播放。

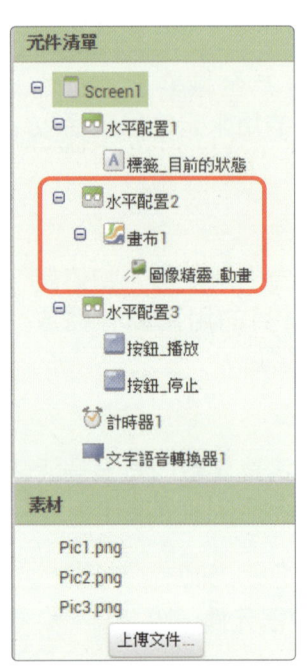

手機介面設計

專案所需元件

程式設計

請參考 ch2_2_EX1.aia 程式碼,再加入「當按下時自動停止,放開時再連續播放」的功能。

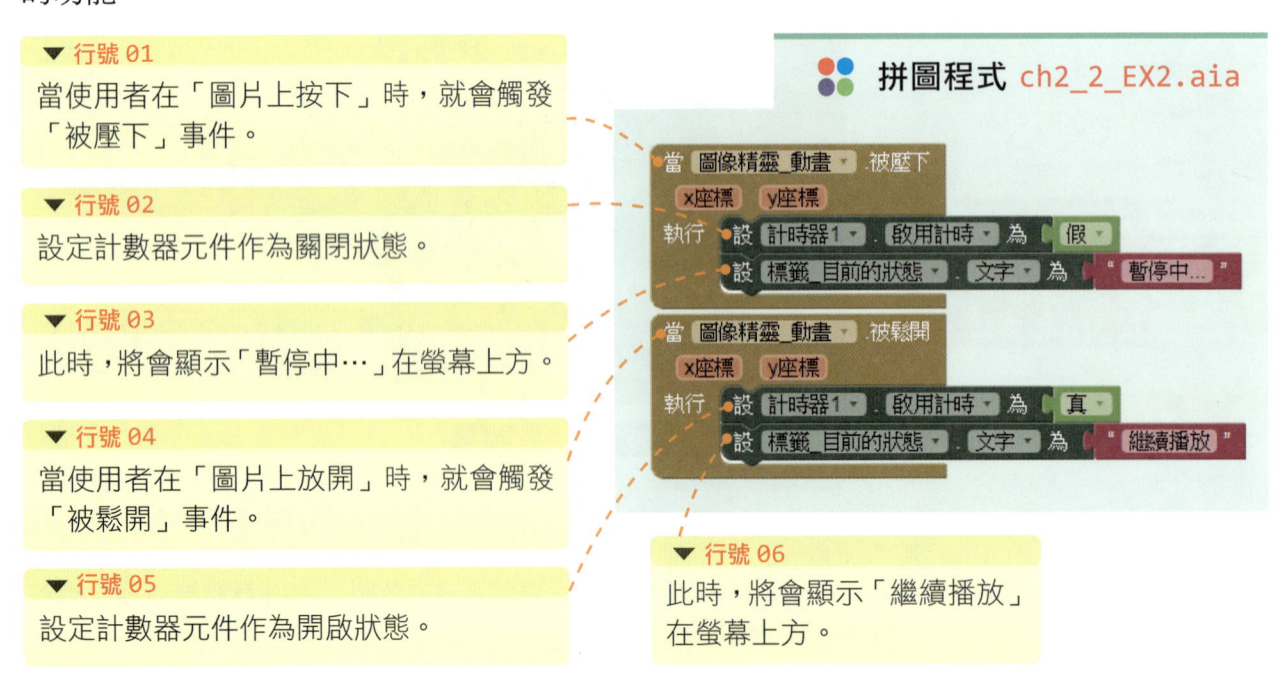

▼ 行號 01
當使用者在「圖片上按下」時,就會觸發「被壓下」事件。

▼ 行號 02
設定計數器元件作為關閉狀態。

▼ 行號 03
此時,將會顯示「暫停中…」在螢幕上方。

▼ 行號 04
當使用者在「圖片上放開」時,就會觸發「被鬆開」事件。

▼ 行號 05
設定計數器元件作為開啟狀態。

▼ 行號 06
此時,將會顯示「繼續播放」在螢幕上方。

拼圖程式 ch2_2_EX2.aia

2-3 遊戲設計

利用手機來「玩遊戲」，已經成為目前現代人的娛樂活動之一，但是，大部分手機中的 App 都是到 Google Play 下載安裝的。換句話說，沒有一支 App 程式是自己的能力所撰寫。如果是熱愛玩手機遊戲的學生，想必一定非常期盼自己也可以親自開發 App 程式吧！

在本節中，筆者將帶領大家，完成一件「親自開發 App」的夢想，就是利用「App Inventor」拼圖程式來輕鬆開發 App 遊戲程式。

基本上，一支完整的 App 遊戲程式，皆具備以下的功能：

1 遊戲前：遊戲說明（Help）及登入玩家名稱

遊戲說明（Help） 　　　　　遊戲說明（語音唸內容）

登入玩家名稱（有輸入名稱） 　　沒有輸入名稱

2 遊戲中：記錄得分、倒數時間及上一次的關卡或成績；此外，務必要搭配合適的「音效」及「背影音樂」，來增加遊戲的樂趣

記錄得分、倒數時間及上一次的積分

時間已結束畫面

3 遊戲後：查詢遊戲紀錄（包含玩家、成績及排名）及結束遊戲

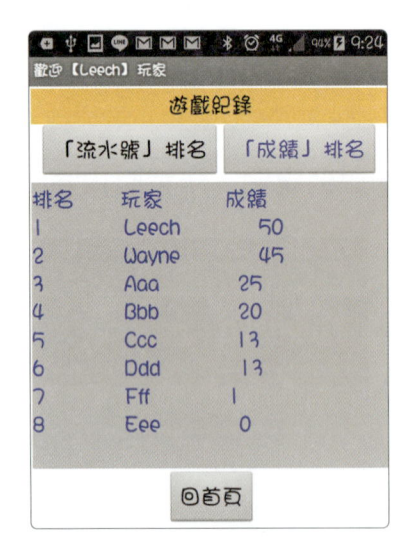

查詢遊戲紀錄

結束遊戲之確認視窗

2-4 何謂機率？

定義

是指用來度量事件出現可能性大小的量，表示範圍：0 到 1 之間。

1. 機率值如果為 0 時，則代表事件是不可能出現的。
2. 機率值如果為 1 時，則代表事件是必然出現的。
3. 機率值如果為 0.5 時，意指事件是可能出現也可能不出現。

公式：事件出現的機率＝事件可能結果數目／樣本空間可能結果數目

範例 1 正常情況：投擲一顆公平的骰子得到 1 或 2 或 3 或 4 或 5 或 6 的機率都是 1/6。其中，得到偶數的機率是 3/6 ＝ 0.5，並且奇數的機率也是 3/6 ＝ 0.5。

範例 2 不正常情況：投擲一顆公平的骰子得到 0 或 7 的機率是 0（因為公平骰子的點數是 1 ～ 6 點，故不可能出現 0 與 7 點）。

偶數的機率　　奇數的機率

範例 3
1. 產生三個亂數值來訓練小朋友心算，並判斷作答的結果。
2. 設計一個「手機與人猜拳」的程式。

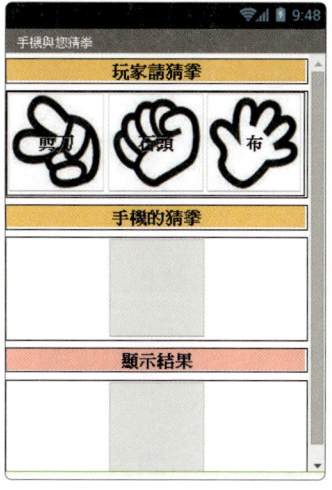

簡易心算練習　　手機與人猜拳

註 機率值在程式設計中，就是透過「亂數函數」來達到，亦即透過 App Inventor 的亂數拼圖。

2-5 App Inventor 2 的亂數拼圖程式

定義

是指在指定的範圍內，每次產生不同的數值。

拼圖程式：在「內件方塊」拼圖程式設計的環境中：內件方塊 / 數學。

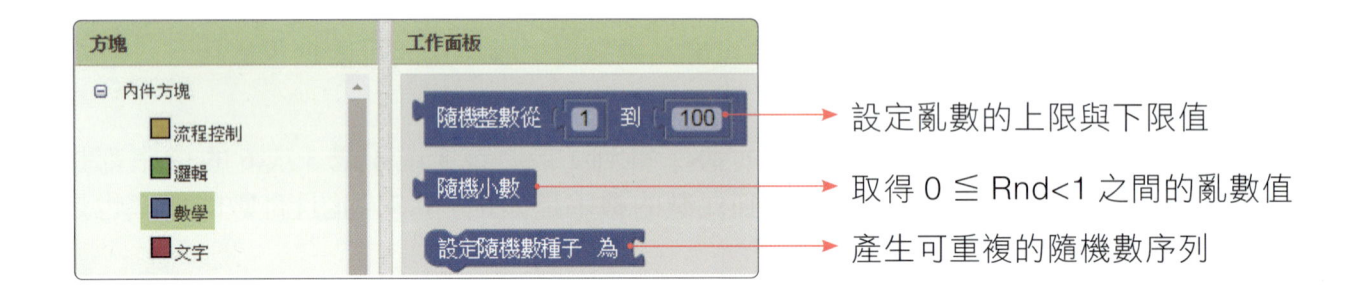

- 設定亂數的上限與下限值
- 取得 0 ≦ Rnd<1 之間的亂數值
- 產生可重複的隨機數序列

範例 1 設定亂數的上限與下限值。

下限值
上限值

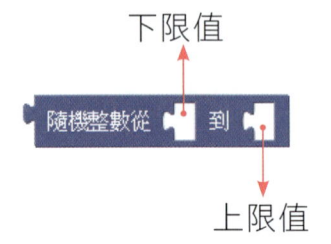

「隨機整數」函式用來傳回上限值與下限值之間的值。例如：投擲骰子 1～6 點。

範例 2 取得 0 ≦ Rnd<1 之間的亂數值。

「隨機小數」函式會產生一個大於或等於 0 但小於 1 的數值。

技能活動 1 手動投擲骰子。

使用者按「產生 1～6 的亂數值」鈕

使用者按第二次鈕

使用者每按一次，就會產生一個 1～6 點的亂數值，並且也會載入對應的骰子圖片。（註：骰子圖片在範例檔案中）

介面設計

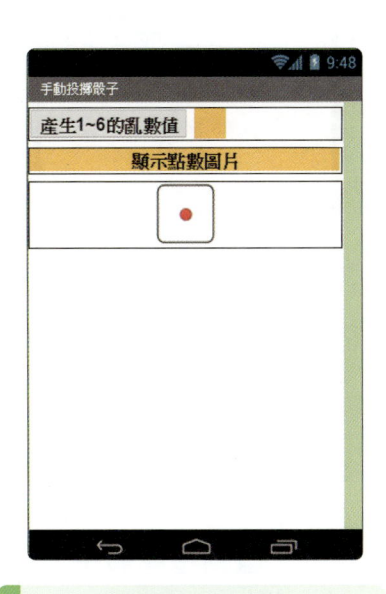

手機介面設計

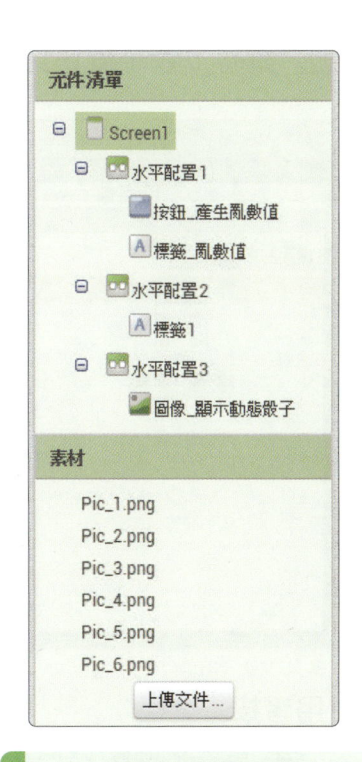

專案所需元件

程式設計

拼圖程式 ch2_5_EX1.aia

▼ 行號 01
宣告 Rand 為全域變數，初值設定為 0，其目的是用來儲存每一次產生的亂數值。

▼ 行號 02
當使用者按下「產生 1～6 的亂數值」鈕時，就會執行事件程序。

▼ 行號 03
利用「隨機整數」拼圖函式來產生 1～6 點的亂數值，並指定給 Rand 變數。

▼ 行號 04
取得 Rand 變數值再指定給標籤元件的文字屬性，亦即將「亂數值」顯示在手機螢幕上。

▼ 行號 05
取得 Rand 變數值再透過「合併文字」函數來將「圖檔」指定給圖像元件的圖片屬性，亦即將產生的亂數值來載入對應的骰子圖片到手機螢幕上。

技能活動 2　自動投擲骰子。

手動投擲骰子設計完成後，請再加入「啟動」及「停止」鈕使自動投擲骰子。當使用者按下「啟動」鈕時，骰子就會自動的動態投擲，直到按下「停止」鈕為止。

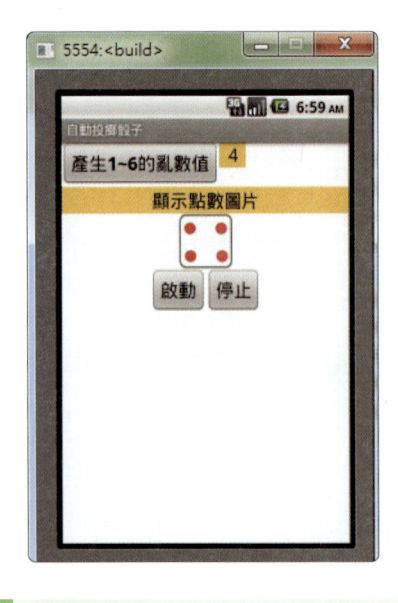

使用者按「產生 1～6 的亂數值」鈕　　　　　自動投擲骰子

介面設計

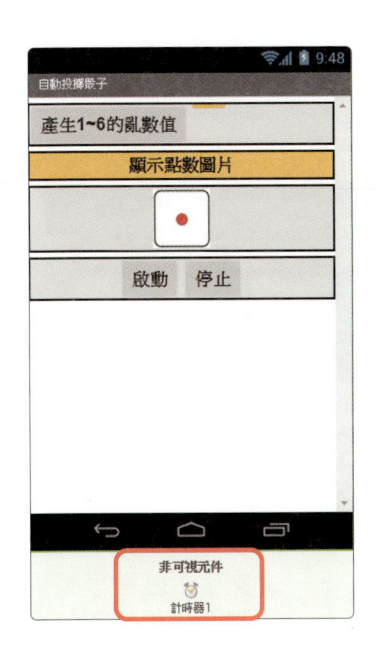

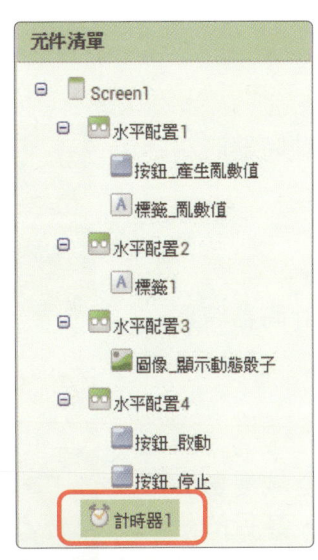

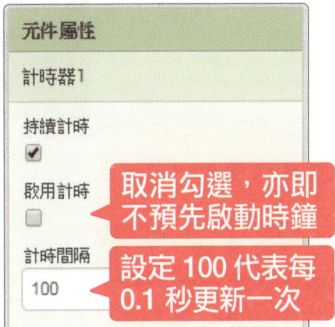

手機介面設計

元件的屬性設定

元件清單
- Screen1
  - 水平配置1
    - 按鈕_產生亂數值
    - 標籤_亂數值
  - 水平配置2
    - 標籤1
  - 水平配置3
    - 圖像_顯示動態骰子
  - 水平配置4
    - 按鈕_啟動
    - 按鈕_停止
  - 計時器1

元件屬性

計時器1

持續計時 ☑

啟用計時 ☐ — 取消勾選,亦即不預先啟動時鐘

計時間隔 100 — 設定 100 代表每 0.1 秒更新一次

程式設計

拼圖程式 ch2_5_EX2.aia

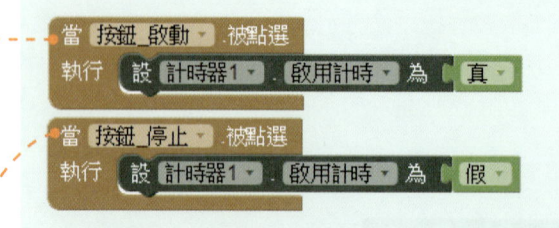

▼ 行號 01
用來「啟動」計時器時鐘元件。

▼ 行號 02
用來「停止」計時器時鐘元件。

▼ 行號 03
宣告 Rand 為全域變數，初值設定為 0，其目的是用來儲存每一次產生的亂數值。

▼ 行號 04
當計時器元件被啟動時，就會開始執行「行號 05 ～ 07」，亦即每 100 毫秒，也就是 0.1 秒變更亂數值一次，因此，就會產生動態投擲骰子的效果。

▼ 行號 05
利用「隨機整數」拼圖函式來產生 1 ～ 6 點的亂數值，並指定給 Rand 變數。

▼ 行號 06
取得 Rand 變數值再指定給標籤元件的文字屬性，亦即將「亂數值」顯示在手機螢幕上。

▼ 行號 07
取得 Rand 變數值再透過「合併文字」函數來將「圖檔」指定給圖像元件的圖片屬性，亦即將產生的亂數值來載入對應的骰子圖片到手機螢幕上。

實作題

❶ 請設計一擲骰子 App，動態顯示三顆骰子。參考圖示如下：

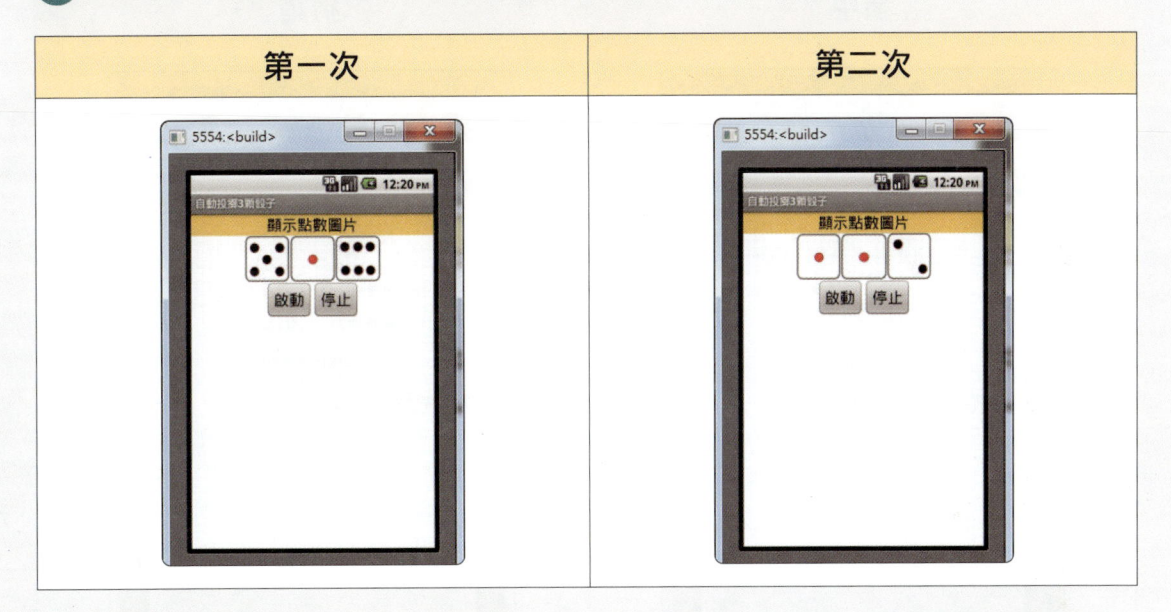

第一次	第二次

❷ 請設計一擲骰子 App，動態顯示三顆骰子後，計算三顆骰子的總點數。當按下「停止」鈕時，可以顯示出三個骰子的總點數。參考圖示如下：

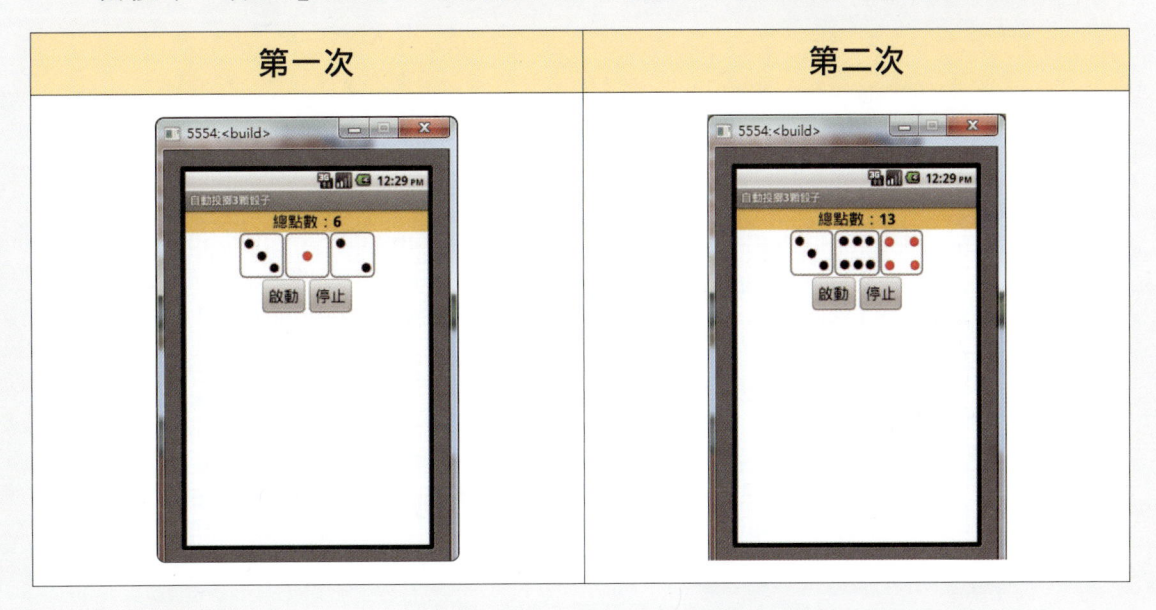

第一次	第二次

❸ 猜點數大小，規則：

1. 先壓大或小（3～9代表小，10～18代表大）。
2. 當按下「啟動」鈕時，三個骰子會動態顯示不同點數。
3. 當按下「停止」鈕時，三個骰子不再轉動，此時，會顯示「猜中或猜錯」。參考圖示如下：

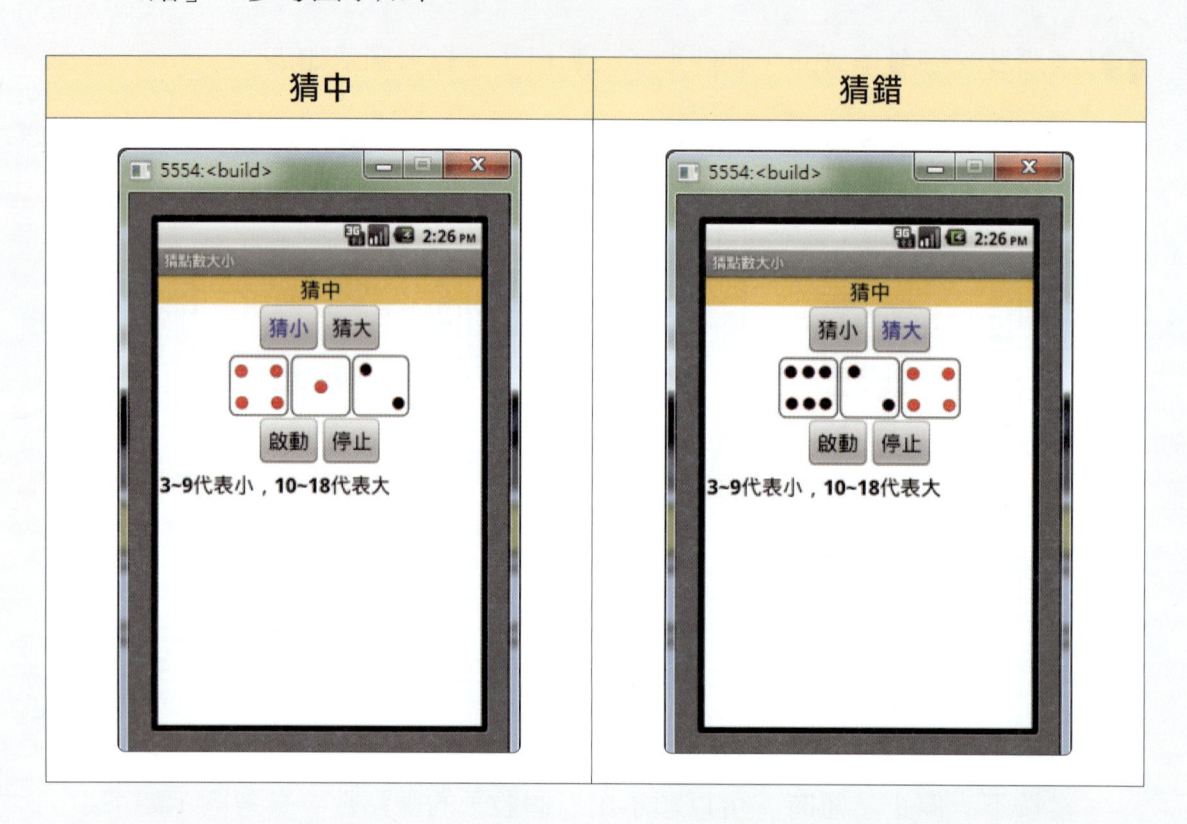

猜中	猜錯

Chapter 3
打地鼠遊戲設計

是否有想過,手機 App 遊戲為何可以吸引人們百玩不厭呢?其主要的原因除了加入「多媒體的聲光效果」之外,就是利用以下兩個重要的元件:第一個元件,就是「亂數」元件,它可以讓物件動態改變不同的情境。第二個元件,就是「時間」元件,它用來動態設定情境出現的頻率。

在瞭解手機 App 遊戲的兩個元件之外,筆者在本單元中,將帶領大家撰寫一支有趣又好玩的「打地鼠遊戲」。它可以瞭解地鼠為何可以在手機螢幕上跑來跑去,而不會跑出螢幕外面,並且在動畫遊戲中加入計分、特效(震動及聲音)及倒數時間,以增加遊戲的樂趣。

3-1 休閒遊戲（Casual Game）

定義

是指一種初學者非常容易上手，不需要事先學習的簡單遊戲。

特色

1. 可以在短時間大量反覆使用。
2. 不會涉及到高深的先備知識。
3. 遊戲規則簡單，易學，易玩。

常見的種類

1. 打地鼠遊戲。
2. OX 井字遊戲。

3-2 打地鼠遊戲設計（物件隨機移動位置）

動畫遊戲為何可以吸引使用者百玩不厭，其主要的原因就是它透過以下兩個元素：

1. **亂數函數**：用來讓物件每次啟動時位置皆不同。
2. **時間元件**：用來設定每單位時間執行一次亂數函數的指令集。

技能活動　樂高忍者每次跳不同位置。

分析

1. **輸入**：按下「啟動」鈕。
2. **處理**：
   (1) 利用計時器控制移動頻率。
   (2) 利用隨機小數產生 0～1 之值。
3. **輸出**：樂高忍者每 1 秒移動不同位置。

Chapter 3 打地鼠遊戲設計

介面設計

手機介面設計

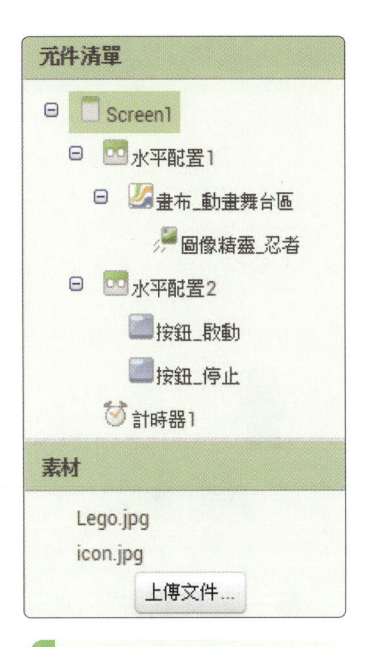

專案所需元件

程式設計

拼圖程式 ch3_2_EX1.aia

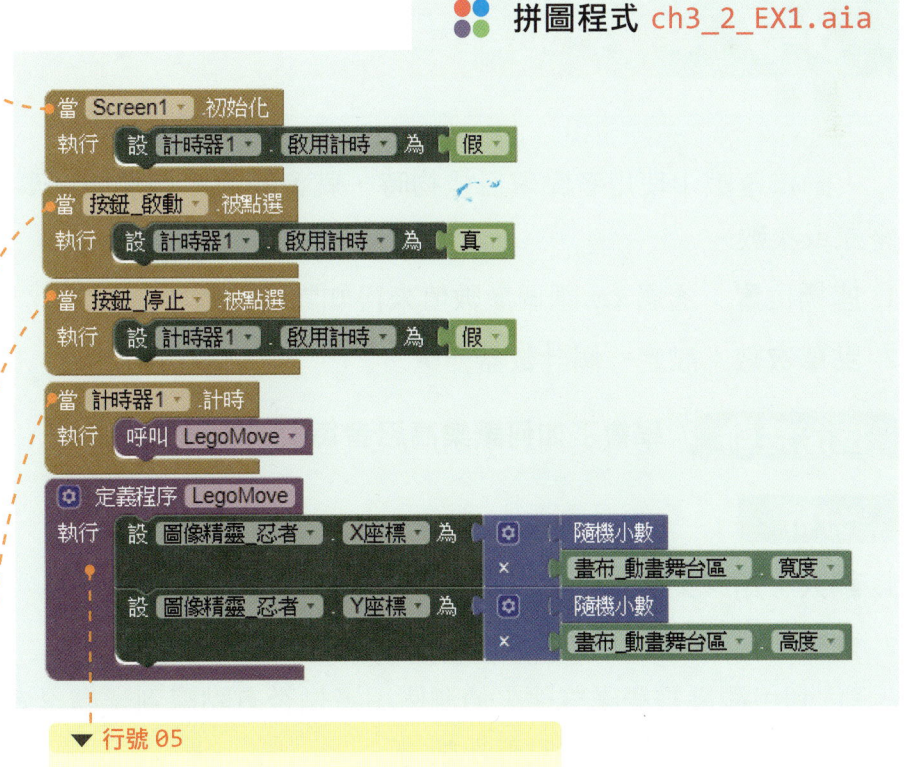

▼ 行號 01
Screen 頁面在初始化時，先設定時間元件為「關閉」狀態。

▼ 行號 02
當按下「啟動」鈕時，再設定時間元件為「開啟」狀態。

▼ 行號 03
當按下「停止」鈕時，再設定時間元件為「關閉」狀態。

▼ 行號 04
當時間元件為「開啟」狀態時，計時器元件會每單位時間呼叫「LegoMove」副程式。

▼ 行號 05
當時間元件為「開啟」狀態時，計時器元件會每單位時間呼叫「LegoMove」副程式。

執行畫面

第一次移到左下方

第二次移到右上方

3-3 打地鼠遊戲設計（物件被點擊來計分）

　　動畫遊戲中使用者點擊目標物時，就會觸發「被觸碰」事件程序，以記錄被點擊的座標或次數。

1. **座標位置**：透過 x,y 兩個參數值來得知點擊位置。
2. **點擊次數**：設定一個計數器變數。

技能活動　學會了如何讓樂高忍者每次跳不同位置之後，請再加入「計分功能」。

分析

1. **輸入**：點擊樂高忍者。
2. **處理**：
   (1) 利用觸發被觸碰事件來偵測使用者是否有點擊到樂高忍者。
   (2) 利用計數器來累計點擊次數。
3. **輸出**：每打到忍者一下時，就會得到一分。

介面設計

手機介面設計

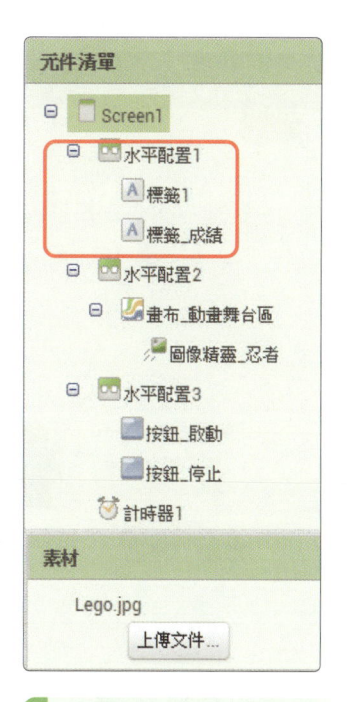

專案所需元件

程式設計

> 註　請先載入（ch3_2_EX1.aia），再加入以下程式。

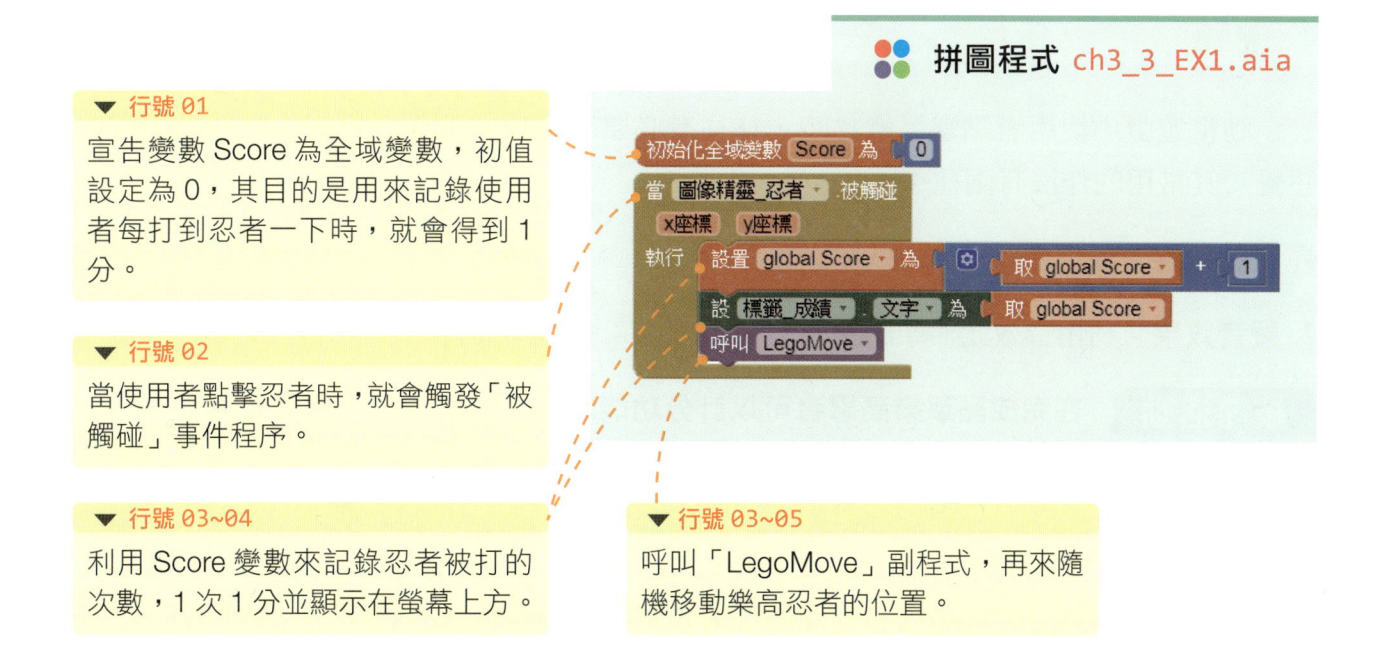

拼圖程式 ch3_3_EX1.aia

▼ 行號 01

宣告變數 Score 為全域變數，初值設定為 0，其目的是用來記錄使用者每打到忍者一下時，就會得到 1 分。

▼ 行號 02

當使用者點擊忍者時，就會觸發「被觸碰」事件程序。

▼ 行號 03~04

利用 Score 變數來記錄忍者被打的次數，1 次 1 分並顯示在螢幕上方。

▼ 行號 03~05

呼叫「LegoMove」副程式，再來隨機移動樂高忍者的位置。

執行畫面

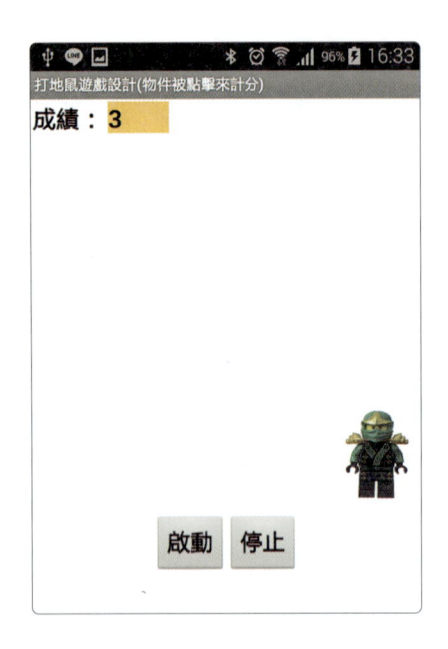

點擊忍者 3 次得 3 分

點擊忍者 10 次得 10 分

3-4 打地鼠遊戲設計（物件被點擊之震動效果）

　　動畫遊戲中使用者點擊目標物時，往往有必要產生特殊效果，以增加物件被點擊的感覺，其常用的作法有兩種：

1. **震動效果**：利用音效元件中的震動方法。
2. **聲音效果**：利用音效元件中的播放方法。例如：彈鋼琴聲音。

技能活動　在完成點擊樂高忍者可以計分功能之後，請再加入「震動效果」。

分析

1. **輸入**：點擊樂高忍者。
2. **處理**：利用觸發被觸碰事件來偵測使用者是否有點擊到樂高忍者。
3. **輸出**：每打到忍者一下時，手就會被震動一下。

介面設計

手機介面設計

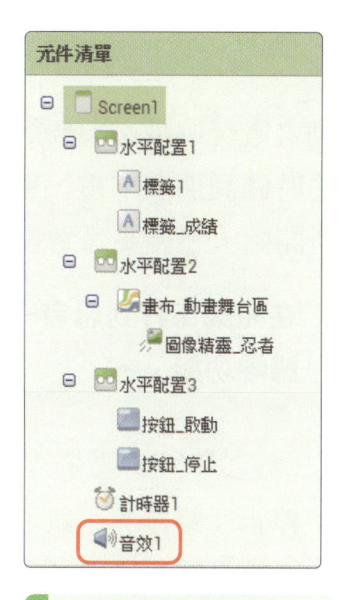

專案所需元件

程式設計

> 註　請先載入（ch3_3_EX1.aia），再加入以下程式。

拼圖程式 ch3_4_EX1.aia

▼
設定手機產生震動效果。其震動時間以毫秒為單位（如設定 500，代表 0.5 秒）。

執行畫面

每打到忍者一下時，手就會被震動一下。

3-5 打地鼠遊戲設計（分數可歸零）

基本上，動畫電玩遊戲必須要等到時間到，才能透過「歸零」鈕來重新開始。但是也可能玩到中途時碰到朋友來電，導致中斷情況。因此在本單元中，請按下「歸零」鈕時，也可以重新開始，不需要等到設定的時間才能重新開始。

技能活動　在完成每打到忍者一下時，手機就會震動一下之後，請再加入「分數可歸零功能」。

分析

1. **輸入**：按下「停止（歸零）」鈕。
2. **處理**：計時器關閉並且分數歸零。
3. **輸出**：分數從新開始計算。

介面設計

手機介面設計　　　　　　專案所需元件

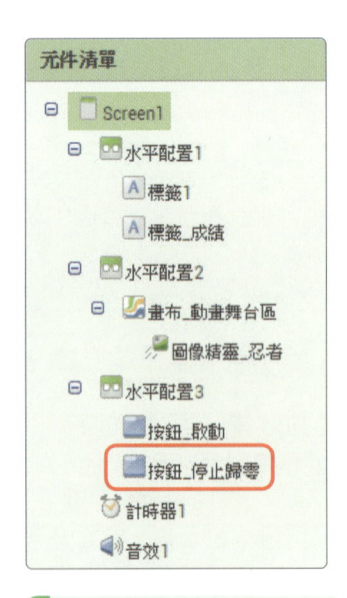

程式設計

> **註** 請先載入（ch3_4_EX1.aia），再加入以下程式。

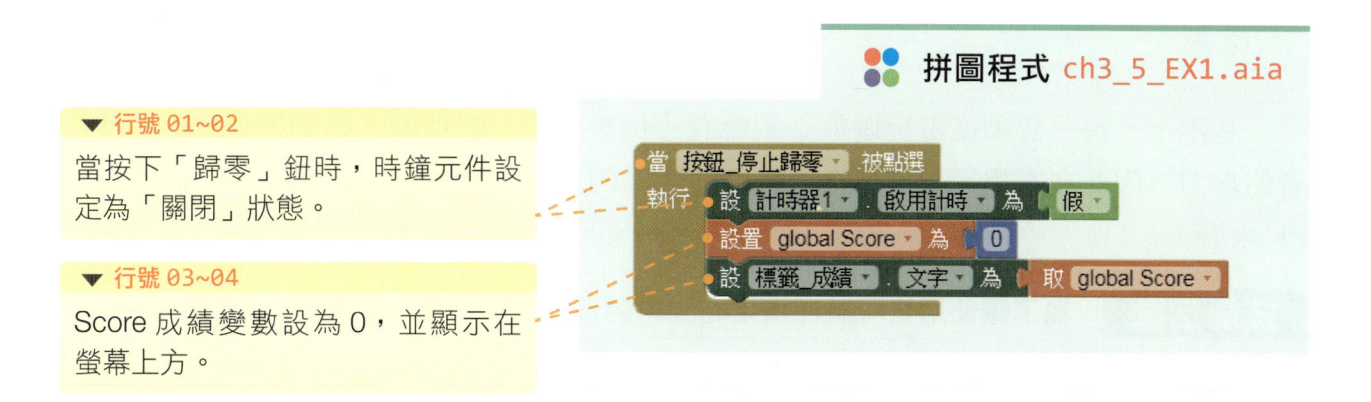

拼圖程式 ch3_5_EX1.aia

▼ **行號 01~02**

當按下「歸零」鈕時，時鐘元件設定為「關閉」狀態。

▼ **行號 03~04**

Score 成績變數設為 0，並顯示在螢幕上方。

執行畫面

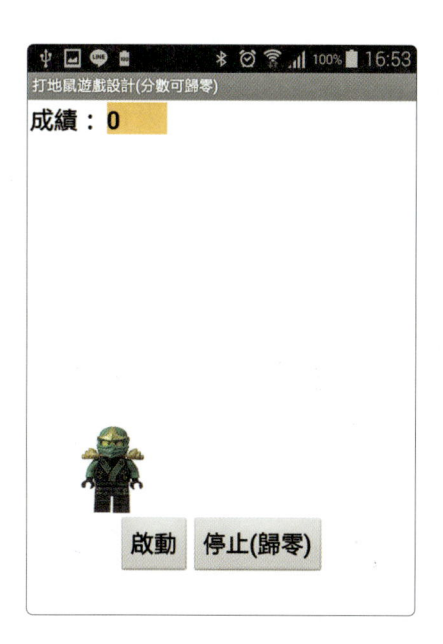

3-6 打地鼠遊戲設計（倒數時間）

基本上，每一套動畫電玩遊戲必須會有「倒數時間」的功能，否則，很難評估使用者的功力。因此在本單元中，加入「倒數時間」的功能，讓使用者可以在某一時間內來 PK 大賽。

技能活動 為了讓使用者可以在指定時間內評量個人的成績，請再加入「倒數時間」。

分析

1. **輸入**：設定 10 秒。
2. **處理**：
   (1) 計時器從 10 秒開始倒數。
   (2) 檢查是否倒數結束，如果是，則顯示「時間到了，遊戲結束！」並且關閉計時器。
3. **輸出**：顯示目前倒數的時間。

介面設計

手機介面設計　　　　　　　　　專案所需元件

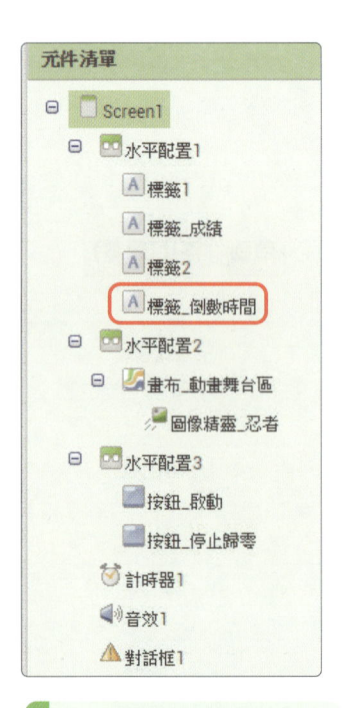

程式設計

> **註** 請先載入（ch3_5_EX1.aia），再加入以下各程式。

① 宣告變數及定義「Status_Initialize」狀態初始化的副程式

拼圖程式 ch3_6_EX1.aia

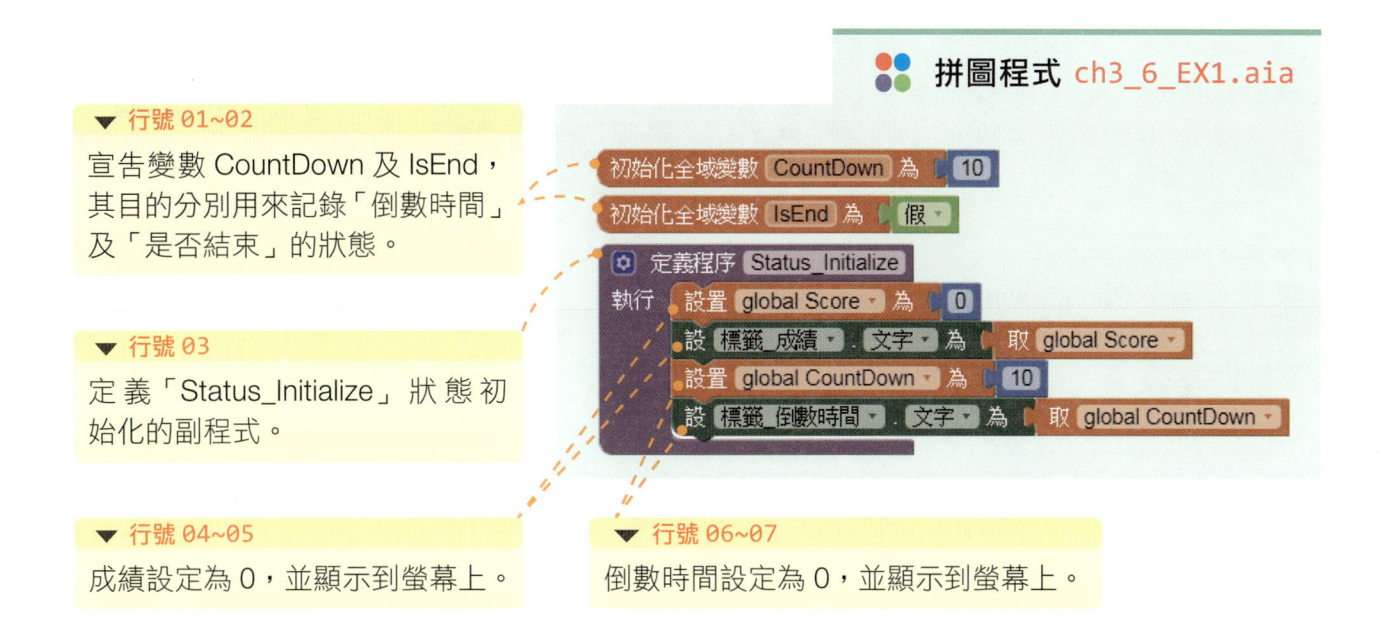

▼ 行號 01~02
宣告變數 CountDown 及 IsEnd，其目的分別用來記錄「倒數時間」及「是否結束」的狀態。

▼ 行號 03
定義「Status_Initialize」狀態初始化的副程式。

▼ 行號 04~05
成績設定為 0，並顯示到螢幕上。

▼ 行號 06~07
倒數時間設定為 0，並顯示到螢幕上。

② 在「啟動」及「停止歸零」鈕之呼叫「Status_Initialize」副程式

拼圖程式 ch3_6_EX1.aia

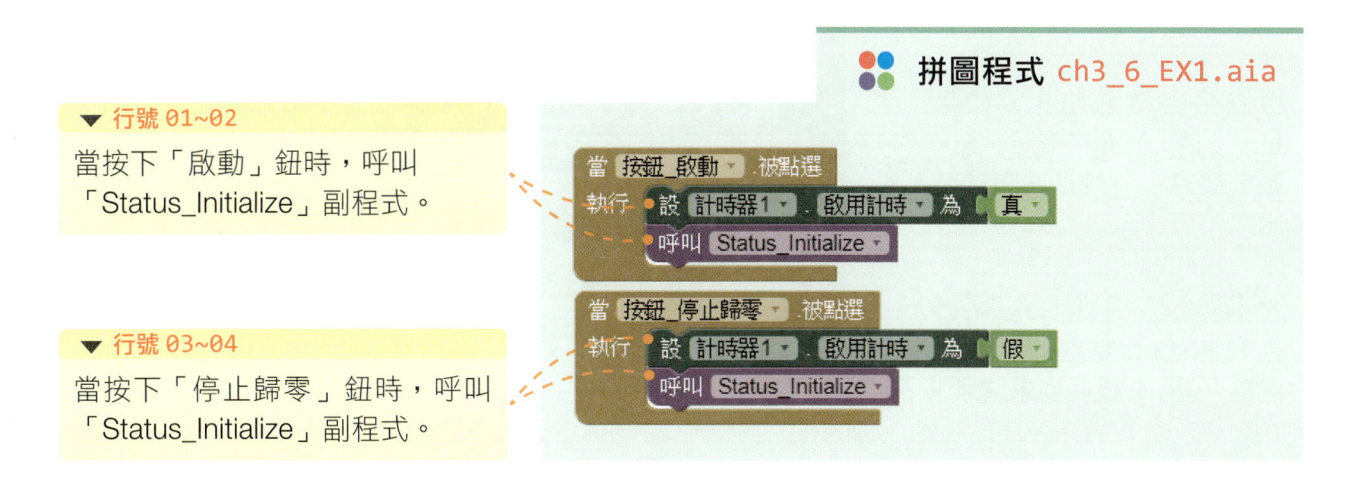

▼ 行號 01~02
當按下「啟動」鈕時，呼叫「Status_Initialize」副程式。

▼ 行號 03~04
當按下「停止歸零」鈕時，呼叫「Status_Initialize」副程式。

❸ 撰寫「倒數時間」程式

▼ 行號 01
呼叫 LegoMove 之副程式，其目的用來每 1 秒忍者移動一個位置。

▼ 行號 02~03
計時器從 10 秒開始倒數，並顯示在螢幕上。

▼ 行號 04
呼叫 Check_CountDown 之副程式，其目的用來檢查是否倒數結束。

拼圖程式 ch3_6_EX1.aia

❹ 定義「Check_CountDown」之副程式，用來「檢查是否倒數結束」程式

▼ 行號 01
定義「Check_CountDown」之副程式。

▼ 行號 02~05
檢查是否倒數結束，如果是，則顯示「時間到了，遊戲結束！」並且關閉計時器。

▼ 行號 06
否則，IsEnd 變數的狀態設定為「假」，代表尚未結束。

拼圖程式 ch3_6_EX1.aia

執行畫面

遊戲開始

遊戲結束

實作題

1 在練習本章的範例之後，是否發現有一些小問題呢？那就是當遊戲時間到了，雖然倒數時間已停止，但是繼續打忍者時，也會累計分數。因此請試著修改之。

倒數時間已停止	時間到了，無法繼續打忍者

2 在練習本章的範例之後，請再加入背景音樂。

加入背景音樂之元件	設定背景音樂的來源檔案

Chapter 4 猜骰子點數遊戲設計

還記得小時候過年時,大、小朋友最喜歡的遊戲之一,就是用三個骰子來投擲,讓其他人來猜總點數出現多少。但是,此種方式往往必須要有多人及有實體骰子才能完成此遊戲。

有鑑於此,本章開發一套「猜骰子點數 App」,讓使用者可以隨時透過手機或平板與系統,玩猜骰子點數遊戲。

特色:
1. 讓學生瞭解隨機亂數的數學原理。
2. 透過遊戲的過程來學習骰子六個面可能出現的機率。
3. 遊戲規則簡單,易學,易玩,提升學生對學習程式的興趣。

4-1 骰子可能出現點數（亂數的原理）

骰子遊戲為何可以吸引使用者百玩不厭？其主要的原因就是它透過以下兩個元素：

1. **亂數函數**：用來讓骰子每次出現不同的點數。
2. **時間元件**：用來設定每單位時間骰子投擲的速度。

技能活動 每次同時投擲兩顆骰子。

分　析

1. **輸入**：按「啟動」鈕。
2. **處理**：(1) 利用整數亂數產生 1～6 之值。
   (2) 利用整數亂數值對應到指定的骰子照片。
3. **輸出**：呈現投擲骰子的過程。

介面設計

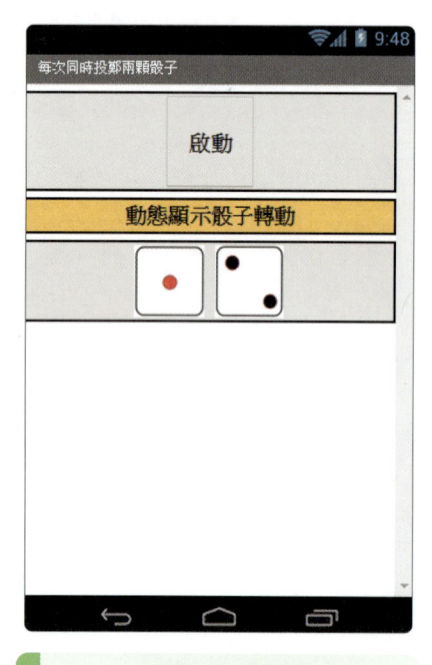

手機介面設計 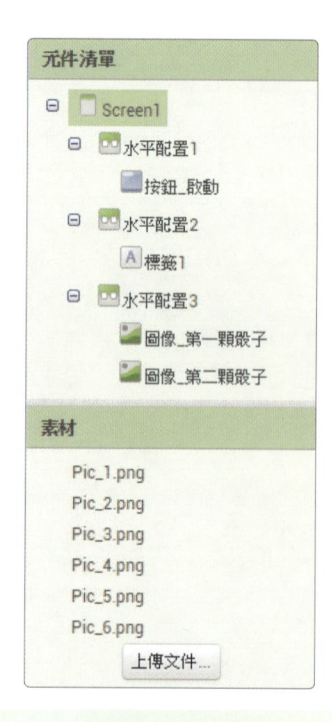　　　　　　　　專案所需元件

程式設計

拼圖程式 ch4_1.aia

▼ 行號 01~03

宣告兩個隨機變數 Rand1～2 為全域變數，初值設定為 0，其目的是用來儲存隨機產生兩個亂數值（1～6 之間）。

▼ 行號 04~05

利用「合併文字」拼圖程式，來載入不同的隨機亂數值（1～6），對應不同的圖片。

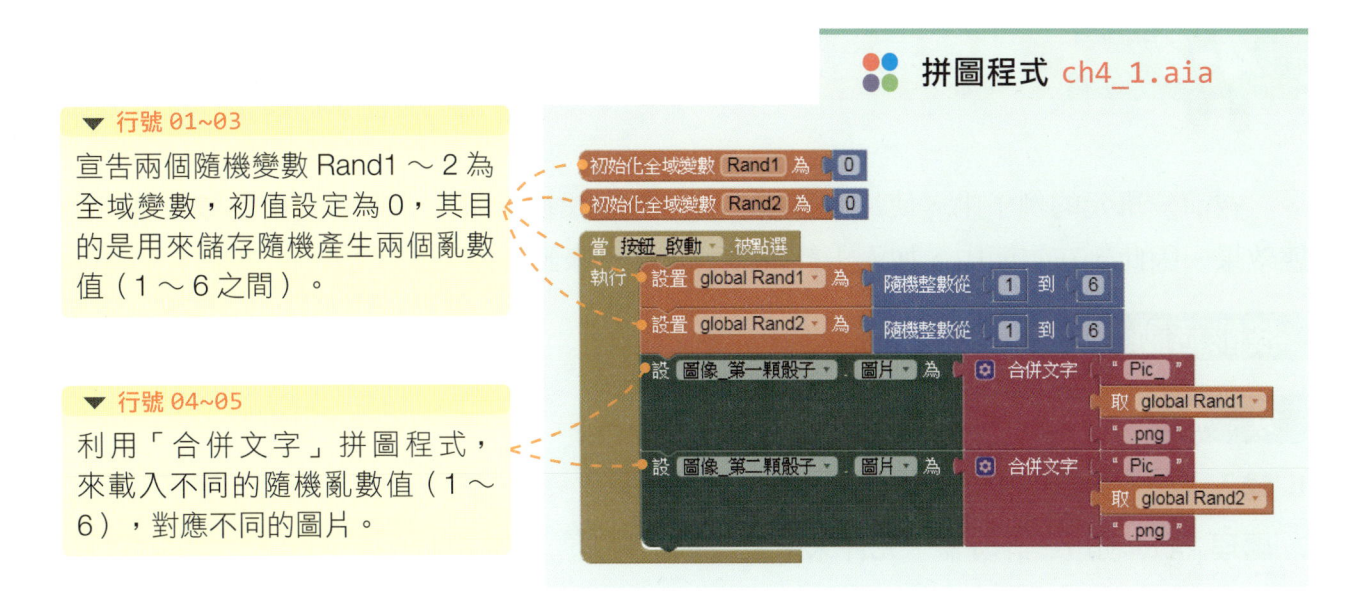

執行畫面

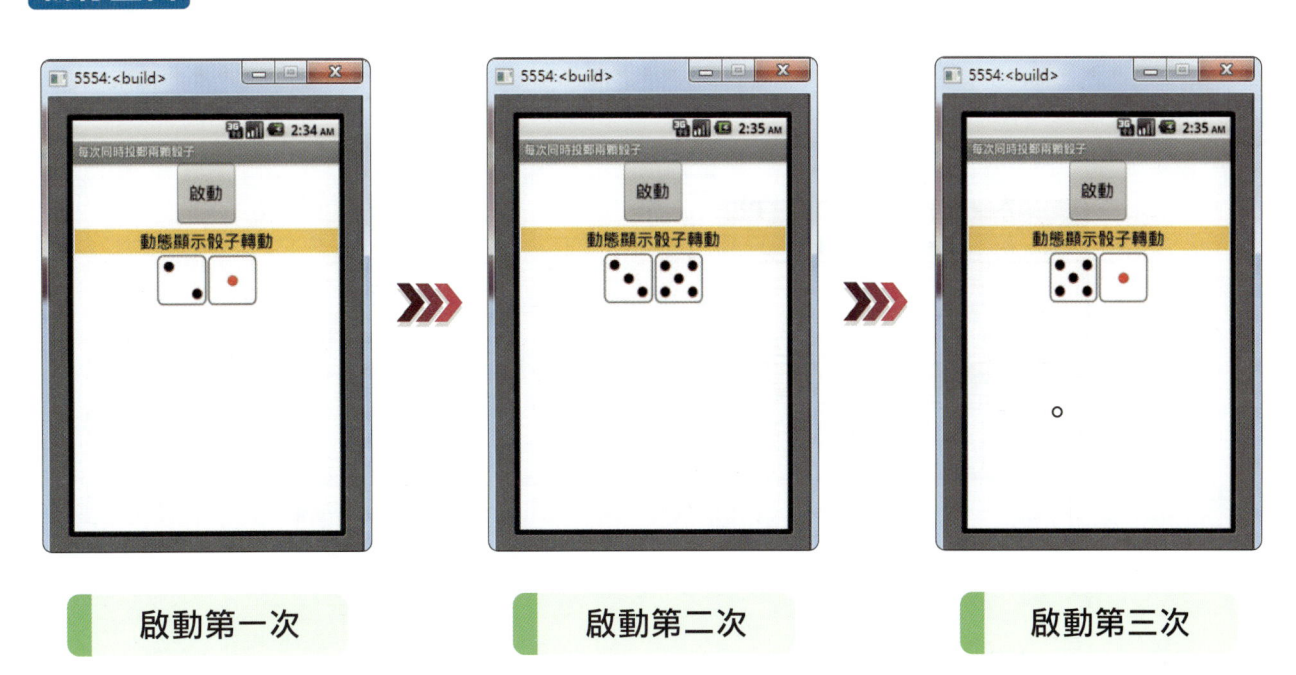

啟動第一次 ▶▶▶ 啟動第二次 ▶▶▶ 啟動第三次

4-2 動態投擲骰子

在前一單元的例子中，使用者每按一下，骰子投擲一次，但無法產生連續投擲的動態效果。因此，在本節中，加入「計時器」元件，來動態產生投擲骰子的效果。

技能活動　動態投擲骰子。

分　析

1. **輸入**：按「啟動」或「停止」鈕。
2. **處理**：(1) 利用「計時器」元件來啟動亂數函數。
   (2) 利用整數亂數產生 1～6 之值。
   (3) 利用整數亂數值對應到指定的骰子照片。
3. **輸出**：動態投擲骰子的過程。

介面設計

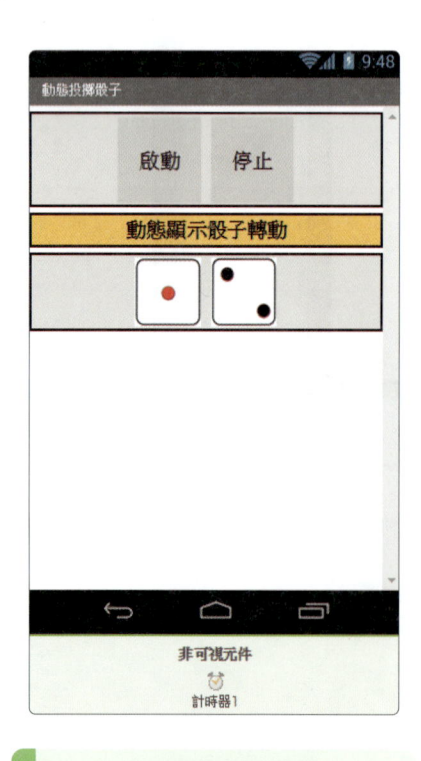

手機介面設計

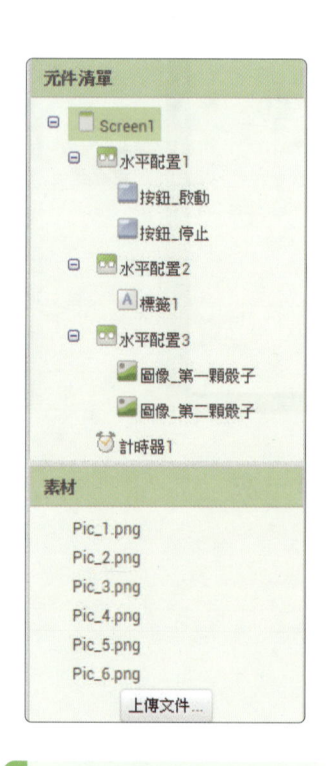

專案所需元件

程式設計

1 宣告變數及頁面初始化

▼ 行號 01~02

宣告兩個隨機變數 Rand1～2 為全域變數，初值設定為 0，其目的是用來儲存隨機產生兩個亂數值（1～6 之間）。

▼ 行號 03

當 Screen1 頁面第一次被啟動時，設定計時器元件為關閉狀態。

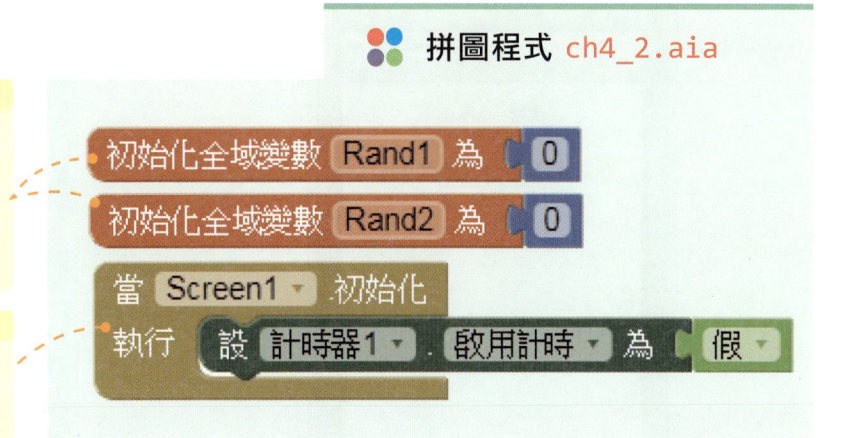

拼圖程式 ch4_2.aia

2 按「啟動」與「停止」鈕之程式

▼ 行號 01

當按下「啟動」鈕之後，設定計時器元件為「開啟」狀態。

▼ 行號 02

當按下「停止」鈕之後，設定計時器元件為「關閉」狀態。

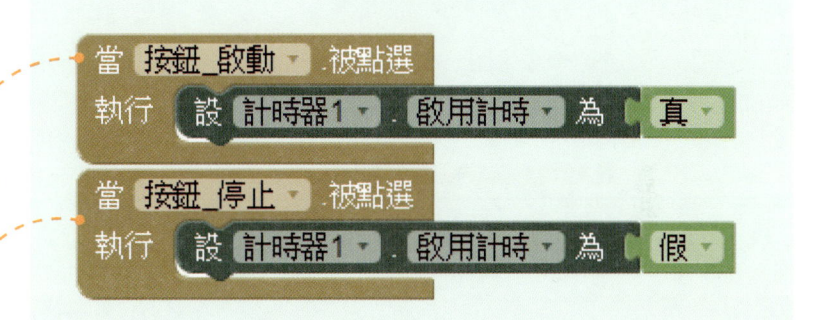

拼圖程式 ch4_2.aia

3 當「計時器」被啟動時所執行的程式

▼ 行號 01~02

當「計時器」被啟動時，利用兩個變數來儲存隨機產生兩個亂數值（1～6 之間）。

▼ 行號 03~04

利用「合併文字」拼圖程式，來載入不同的隨機亂數值（1～6），對應不同的圖片。

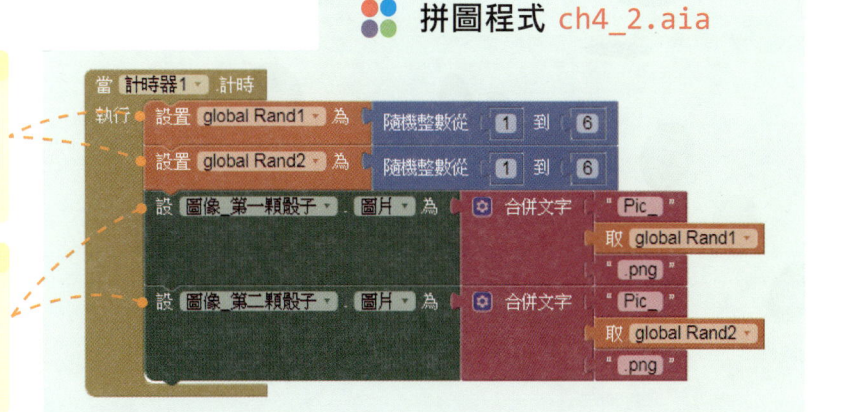

拼圖程式 ch4_2.aia

執行畫面

啟動

停止

4-3 動態調整投擲骰子速度

雖然，在前一節的例子中，使用者按下「啟動」鈕可以動態產生投擲骰子的效果，但是無法控制投擲骰子速度。因此在本節中，加入「滑動條」元件，來控制投擲骰子的切換速度。

技能活動　動態調整投擲骰子速度。

分　析

1. **輸入**：按「啟動」、「停止」鈕、滑動方式來控制速度。
2. **處理**：(1) 利用「計時器」元件來啟動亂數函數。
   (2) 利用整數亂數產生 1～6 之值。
   (3) 利用整數亂數值對應到指定的骰子照片。
   (4) 依照不同的滑動條位置來改變速度。
3. **輸出**：動態投擲骰子的過程。

介面設計

手機介面設計 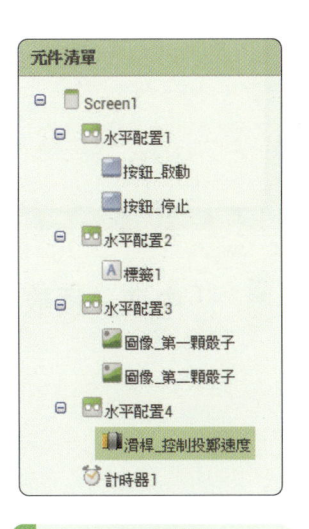　　專案所需元件 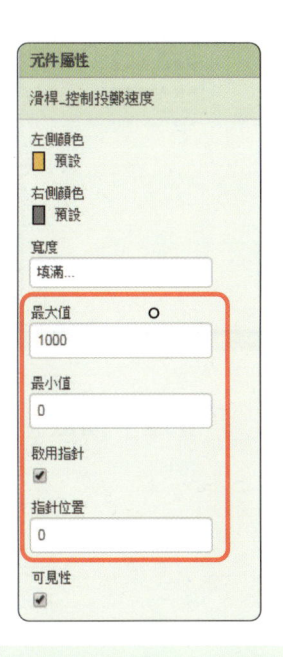　　滑動條的屬性值設定

關鍵程式

註 其餘程式與 ch4_2.aia 相同。

拼圖程式 ch4_3.aia

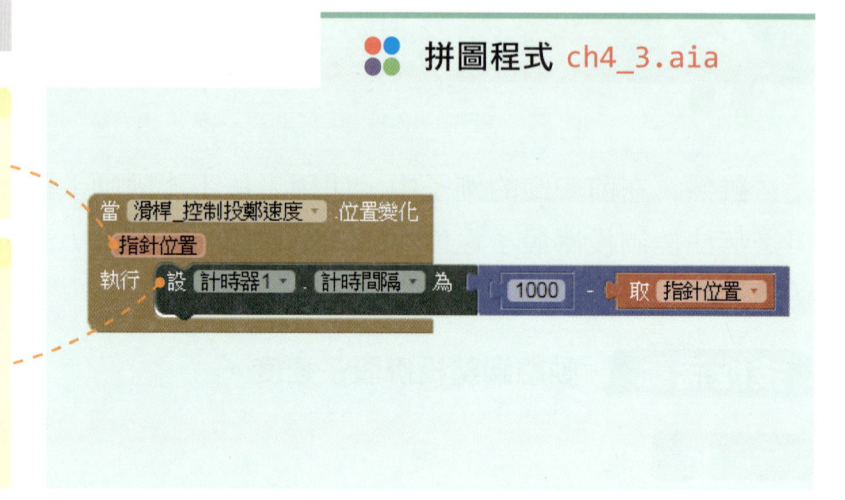

▼ 行號 01
當滑動時，會自動回傳值指定給滑塊位置參數。

▼ 行號 02
由於計時器的計時間隔的值愈大，速度愈慢（1 秒就是 1000 毫秒），因此透過公式計算，就能控制左邊速度慢，右邊速度快的效果。

公式：1000 − 滑塊位置

執行畫面

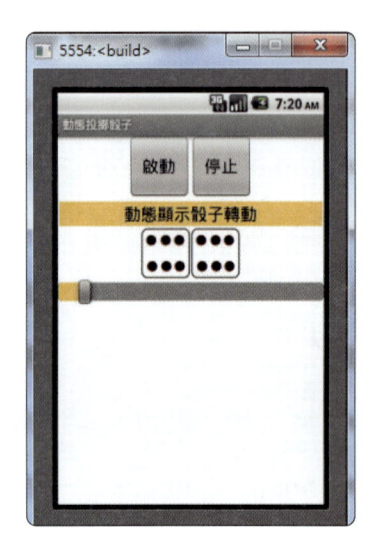

「慢速」播放 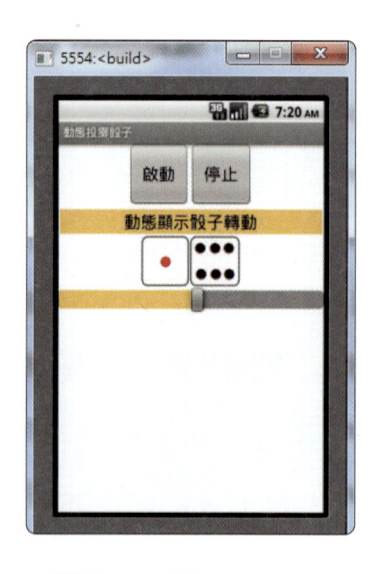　　　「中速」播放 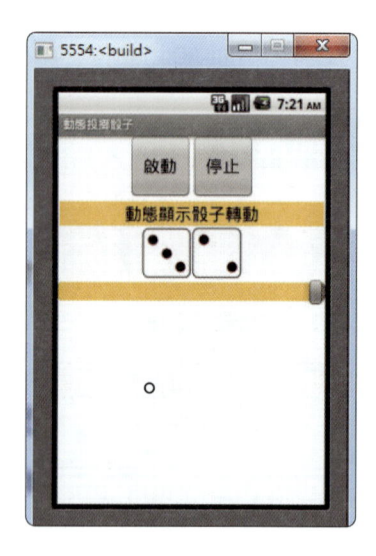　　　「快速」播放

4-4 猜骰子點數遊戲設計

在學會上述的程式設計後，接下來，就可以撰寫一支可以與使用者互動的遊戲 App。

技能活動　猜三個骰子點數遊戲設計。

分　析

1. **輸入**：猜點數。
2. **處理**：(1) 隨機產生三個亂數值（1 ～ 6 之間）。

    (2) 判斷猜的點數是否與按下「停止」鈕時三個骰子點數之和相同。
3. **輸出**：猜中或猜錯。

介面設計

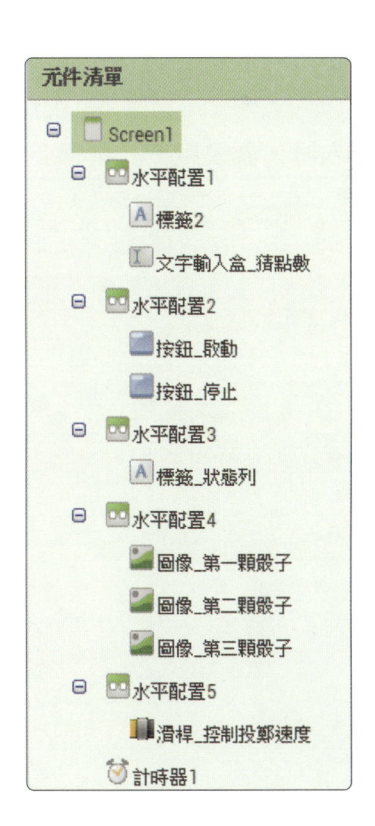

手機介面設計　　　　　　　　　專案所需元件

程式設計

1 宣告及啟動「Clock 時鐘」元件之程式

拼圖程式 ch4_4.aia

▼ 行號 01
宣告三個隨機變數 Rand1～3 為全域變數，初值設定為 0，其目的是用來儲存隨機產生三個亂數值（1～6之間）。

▼ 行號 02
宣告變數 Sum 為全域變數，初值設定為 0，其目的是用來儲存三個亂數值的總和。

▼ 行號 03
當「啟動」鈕被按下時，則會先判斷使用者是否有「猜點數」，如果沒有填入時，就會顯示「您尚未猜點數！」。

▼ 行號 04
如果有填入時，就會啟動「計時器」元件。

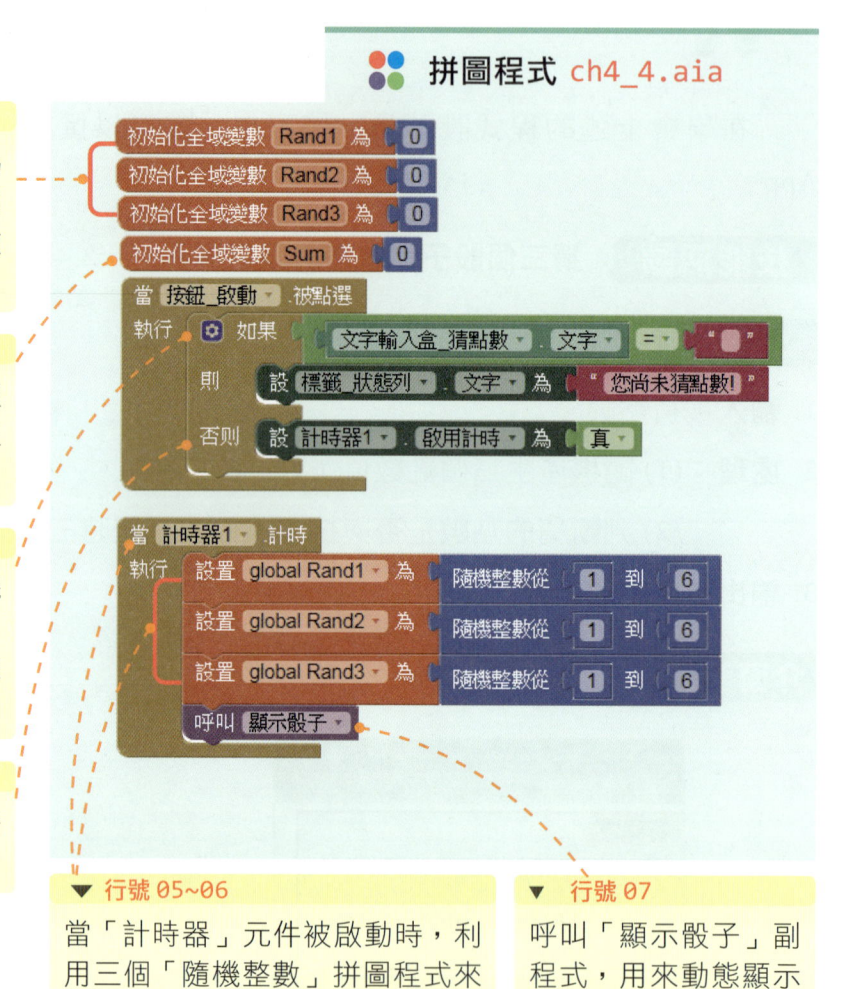

▼ 行號 05～06
當「計時器」元件被啟動時，利用三個「隨機整數」拼圖程式來隨機產生三個亂數值（1～6），並分別指定給 Rand1～3 變數。

▼ 行號 07
呼叫「顯示骰子」副程式，用來動態顯示三個骰子的轉動。

2 定義「顯示骰子」副程式，用來動態顯示三個骰子的轉動

拼圖程式 ch4_4.aia

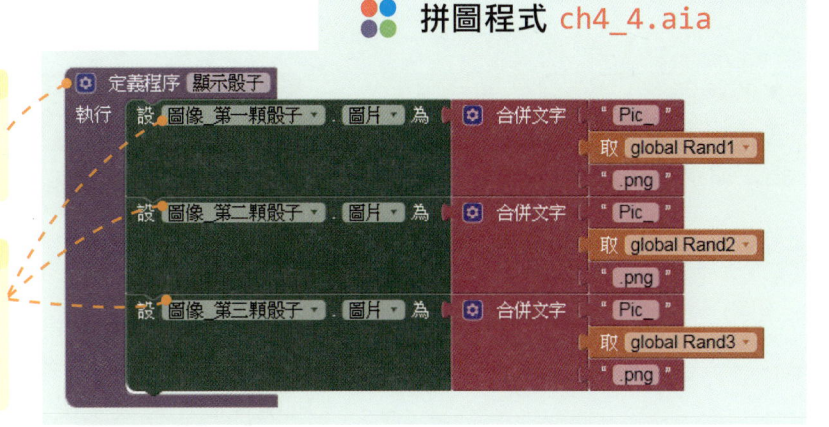

▼ 行號 01

定義「顯示骰子」副程式，用來動態顯示三個骰子的轉動。

▼ 行號 02~04

利用「合併字元串」合併字串拼圖程式，來載入不同的隨機亂數值（1～6），對應不同的圖片。

3 停止「計時器」元件及定義「檢查結果」副程式，用來判斷是否有猜中點數

拼圖程式 ch4_4.aia

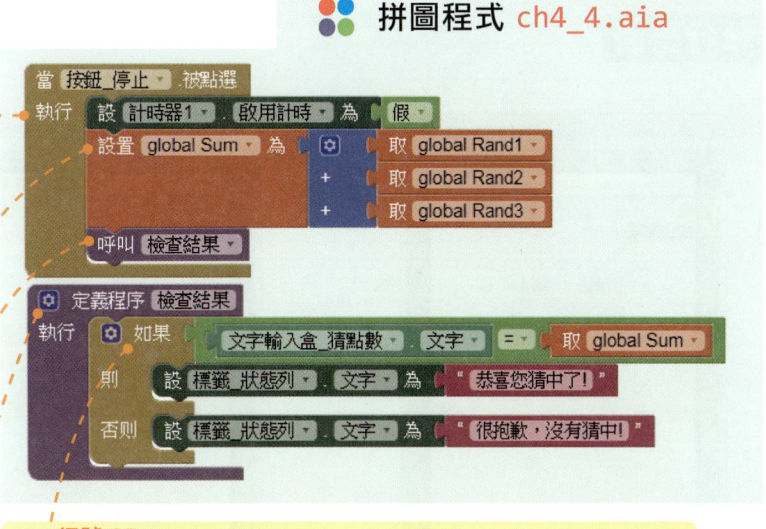

▼ 行號 01

當「停止」鈕被按下時，就會停止「計時器」元件的執行。

▼ 行號 02

此時，就會統計三個隨機亂數值的總和。

▼ 行號 03

呼叫「檢查結果」副程式，用來判斷是否有猜中點數。

▼ 行號 04

定義「檢查結果」副程式，用來判斷是否有猜中點數。

▼ 行號 05

如果「三個隨機亂數值的總和」等於「使用者猜的點數」，就會顯示「恭喜您，猜中了！」否則就會顯示「很抱歉，沒有猜中！」

4 設定控制投擲速度之程式

拼圖程式 ch4_4.aia

▼ 行號 01
當使用者滑動時，會自動回傳值指定給滑塊位置參數。

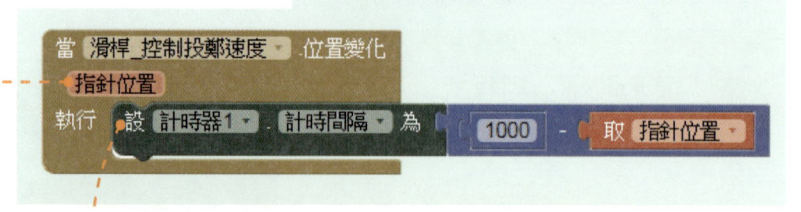

▼ 行號 02
由於計時器的計時間隔的值愈大，速度愈慢（1秒就是1000毫秒），因此透過公式計算，就能控制左邊速度慢，右邊速度快的效果。

公式：1000 – 滑塊位置

執行畫面

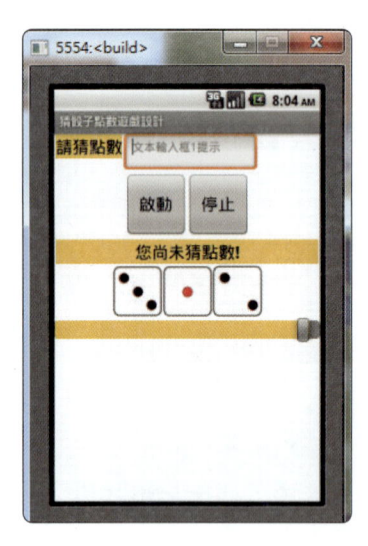

尚未猜點數

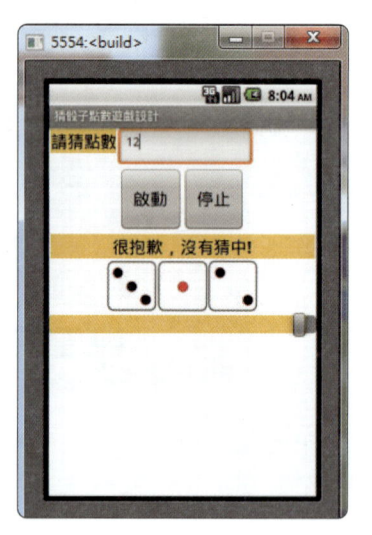

輸出結果（猜錯與猜對）

請設計一猜拳遊戲 App。

介面設計

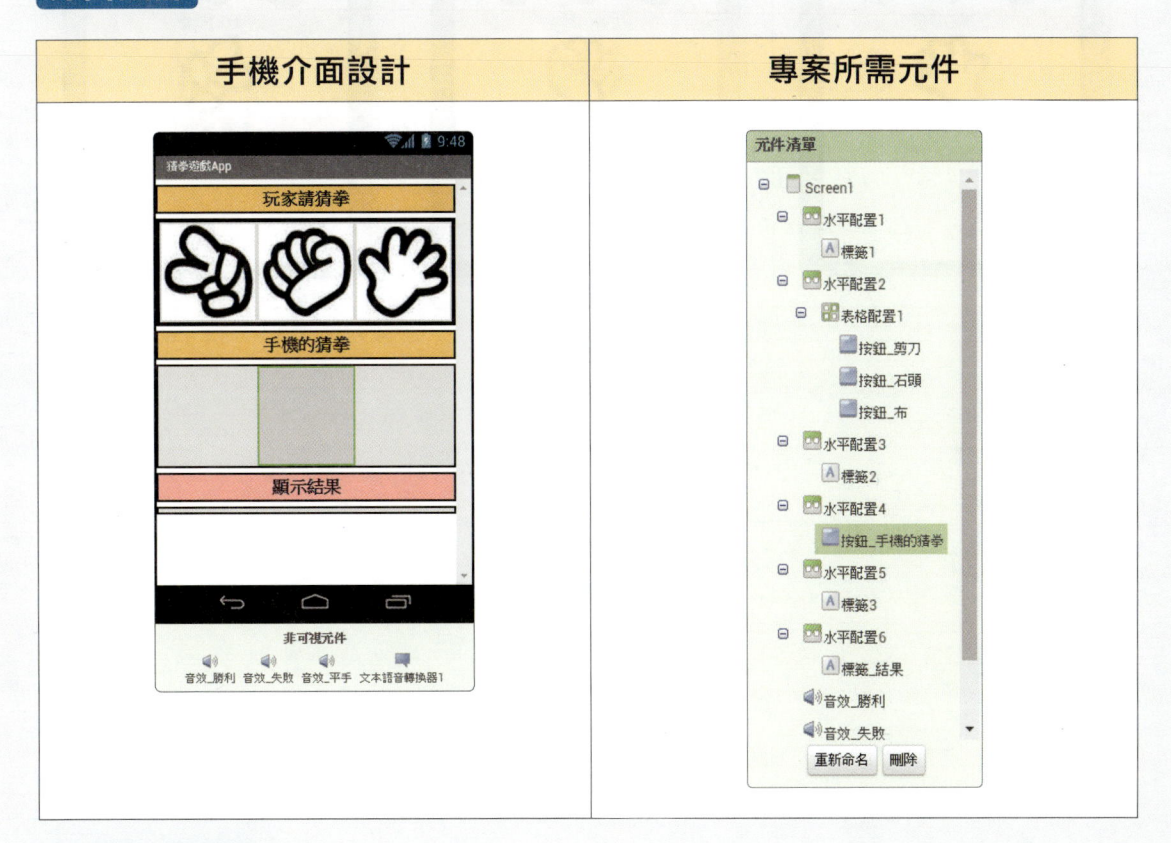

手機介面設計	專案所需元件
(手機畫面：猜拳遊戲App，玩家請猜拳、手機的猜拳、顯示結果，非可視元件：音效_勝利、音效_失敗、音效_平手、文本語音轉換器1)	元件清單：Screen1、水平配置1、標籤1、水平配置2、表格配置1、按鈕_剪刀、按鈕_石頭、按鈕_布、水平配置3、標籤2、水平配置4、按鈕_手機的猜拳、水平配置5、標籤3、水平配置6、標籤_結果、音效_勝利、音效_失敗

程式處理流程

1. **輸入**：猜拳。
2. **處理**：(1) 隨機產生一個亂數值（1～3之間）。

    剪刀：代號 1

    石頭：代號 2

    布：代號 3

    (2) 判斷玩家猜拳是否與手機隨機產生一個亂數值相同。
3. **輸出**：您勝利了、您輸了及平手三種情況。

執行結果

玩家勝利	玩家與手機平手	玩家輸了
您勝利了!	平手!	您輸了!

Chapter 5 智能互動式檯燈 App 設計

還記得家中或教室中開與關的切換方式嗎？按下「On」燈亮，否則就會熄滅，只有兩種情況。如果想到臥室睡覺時，想留一點點小亮光，一般的電燈是無法做到的，因為它只有兩種情況：不是亮，就是滅。

有鑑於此，本章開發一套具有趣味性的「智能互動式檯燈 App」，讓學生可以隨時透過「手機或平板」來模擬多段式互動及語音控制檯燈遊戲，並瞭解數學中的奇偶數，可以運用到日常生活上的「開關」設計。

特色：
1. 透過多段式互動檯燈遊戲的過程來學習「多重條件式」應用方式。
2. 利用手機 App 來模擬電子電路的硬體實驗，提升學生對學習程式的興趣。

5-1 互動式開關（奇偶數的原理）

　　計算某一個正整數是奇數或偶數，原理非常簡單，但是大部分學生只知道如何計算與設計，卻不知道如何利用此原理應用在日常生活上。

　　因此，本章將介紹如何利用奇偶數的原理來設計互動式開關。

技能活動　　互動式開關 App。

準備兩張電燈的照片（一張為亮燈，另一張為熄燈）

亮燈　　　　　　　熄燈

分　析

1. **輸入**：按「開關」鈕。
2. **處理**：(1) 利用計數變數來記錄按下開關的次數。

    (2) 如果按下的次數為奇數時，就會開燈，偶數則為關燈。
3. **輸出**：電燈燈泡亮或熄。

介面設計

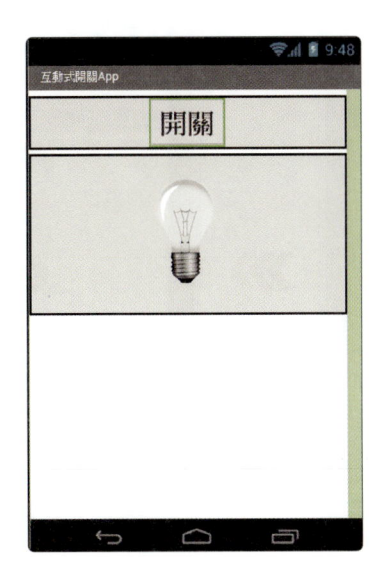

手機介面設計

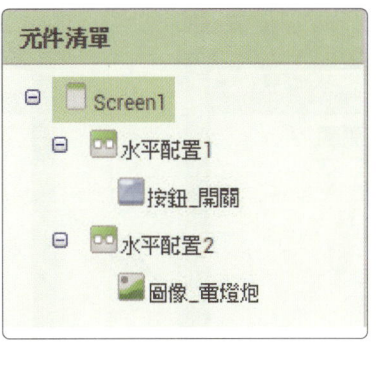

專案所需元件

元件清單：
- Screen1
  - 水平配置1
    - 按鈕_開關
  - 水平配置2
    - 圖像_電燈泡

素材：
- LED_Off.png
- LED_On.png

程式設計

拼圖程式 ch5_1.aia

▼ 行號 01

宣告一個 Count 變數，初值設定為 0，其目的是用來儲存記錄按下開關的次數。

▼ 行號 02

每按一下開關時，Count 變數自動加 1。

▼ 行號 03~05

如果 Count 變數除以 2 時，餘數為 1 時，代表按下的次數為奇數，此時，開關按鈕的字就會變成「關」，並且顯示亮燈的圖片。否則，開關按鈕的字就會變成「開」，並且顯示熄燈的圖片。

執行畫面

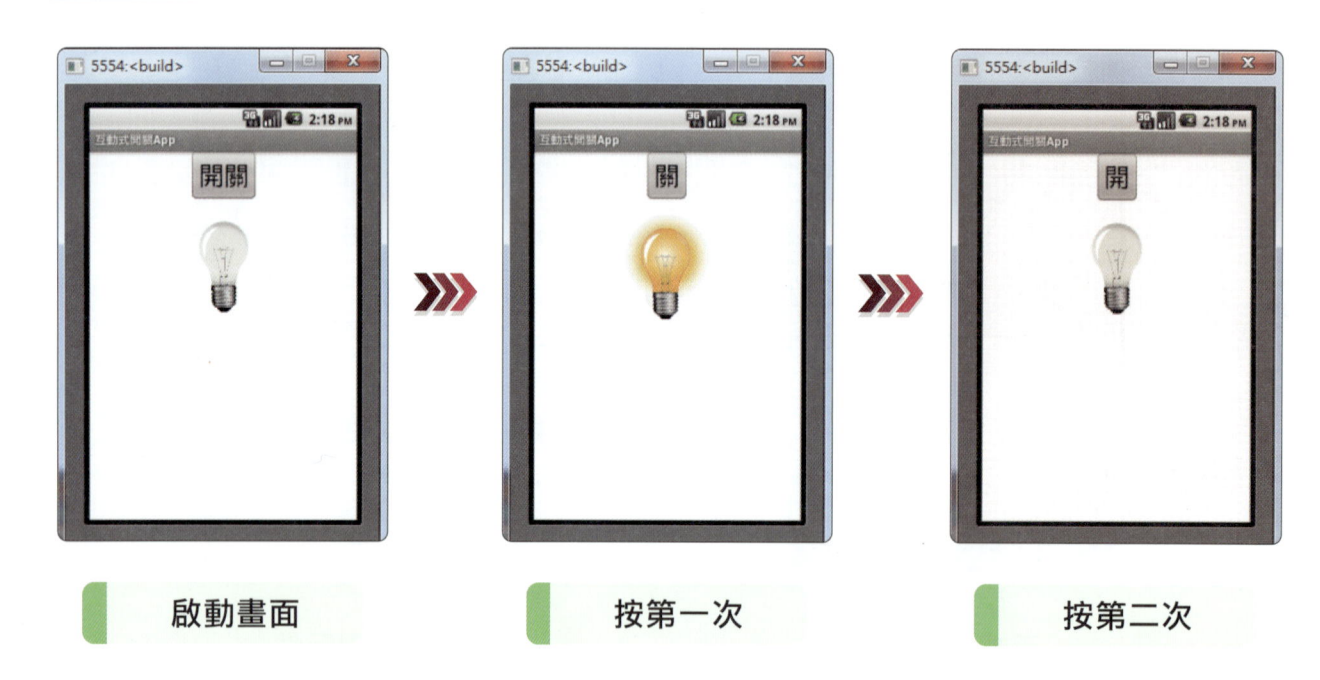

啟動畫面　　　按第一次　　　按第二次

5-2 多段式互動檯燈

在前一節中,是否有發現它只有兩種不同的變化,換言之,不是亮,就是滅,無法依照個人的需求來調整不同的亮度。

有鑑於此,本節再改良前一節的開關功能,設計一支可以提供使用者需求來調整的多段式互動檯燈。

技能活動　多段式互動檯燈 App。

準備五張電燈的照片

| 關閉 | 微暗 | 微亮 | 亮 | 最亮 |

分　析

1. **輸入**:調整「滑動條」元件。

2. **處理**:(1)「滑動條」左邊 1/5 長度為「關閉」狀態。

　　　　 (2)「滑動條」左邊 1/5 ～ 2/5 長度為「微暗」狀態。

　　　　 (3)「滑動條」左邊 2/5 ～ 3/5 長度為「微亮」狀態。

　　　　 (4)「滑動條」左邊 3/5 ～ 4/5 長度為「亮」狀態。

　　　　 (5)「滑動條」左邊 4/5 ～ 5/5 長度為「最亮」狀態。

3. **輸出**:五種不同的亮度。

介面設計

手機介面設計

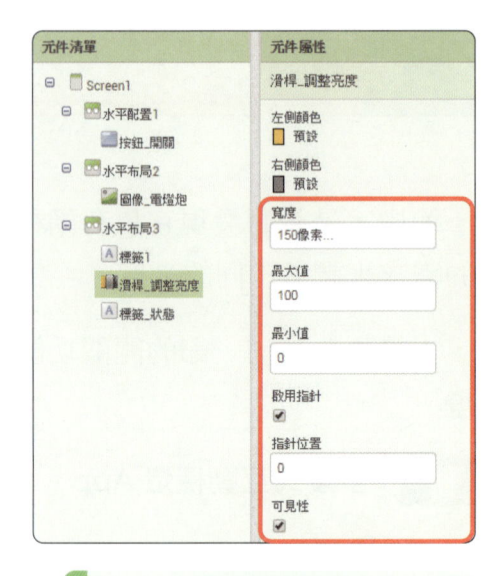

專案所需元件

程式設計

▼ 行號 01
當調整「滑動條」位置時，就會將回傳指定給「滑塊位置」參數。

▼ 行號 02
當調整「滑動條」左邊 1/5 長度時，電燈泡為「關閉」狀態。

▼ 行號 03
當調整「滑動條」左邊 1/5 ～ 2/5 長度時，電燈泡為「微暗」狀態。

▼ 行號 04
當調整「滑動條」左邊 2/5 ～ 3/5 長度時，電燈泡為「微亮」狀態。

▼ 行號 05
當調整「滑動條」左邊 3/5 ～ 4/5 長度時，電燈泡為「亮」狀態。

▼ 行號 06
當調整「滑動條」左邊 4/5 ～ 5/5 長度時，電燈泡為「最亮」狀態。

拼圖程式 ch5_2.aia

執行畫面

啟動畫面

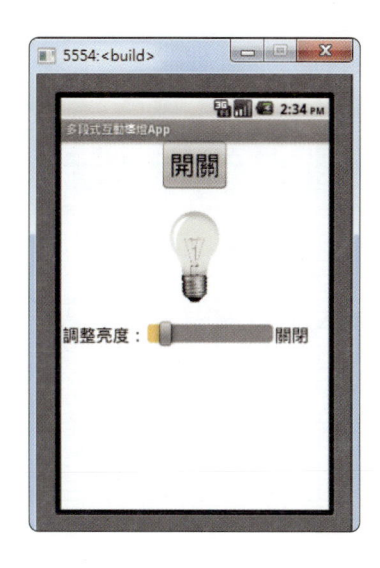

關閉

微暗

微亮

亮

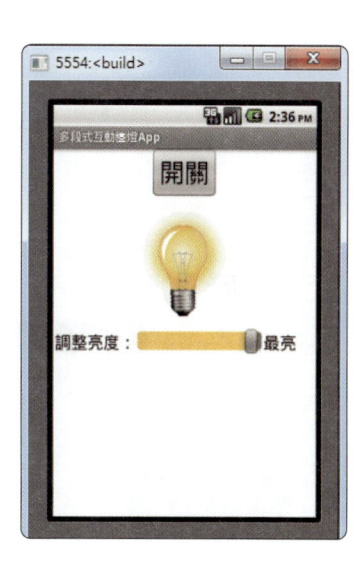

最亮

① 請利用本章中的「多段式互動檯燈」，改為利用「下拉框」元件來指定某一段的電燈狀態。

介面設計

手機介面設計	專案所需元件

執行畫面

啟動畫面	選擇第二段	顯示結果

❷ 請利用本章中的「多段式互動檯燈」改為「語音控制檯燈」，亦即設計一台智能檯燈。

介面設計

手機介面設計	專案所需元件
智能抬燈 語音控制電燈 多段抬燈 請選擇段數　Spinner新增 ▼ 非可視元件 語音識別器1	元件清單 　Screen1 　　水平配置1 　　　按鈕_語音控制電燈 　　水平配置2 　　　圖像1 　　水平配置3 　　　標籤1 　　　滑桿_調整亮度 　　　標籤_顯示光值 　　水平配置4 　　　標籤2 　　　下拉式選單1 　　語音識別器1

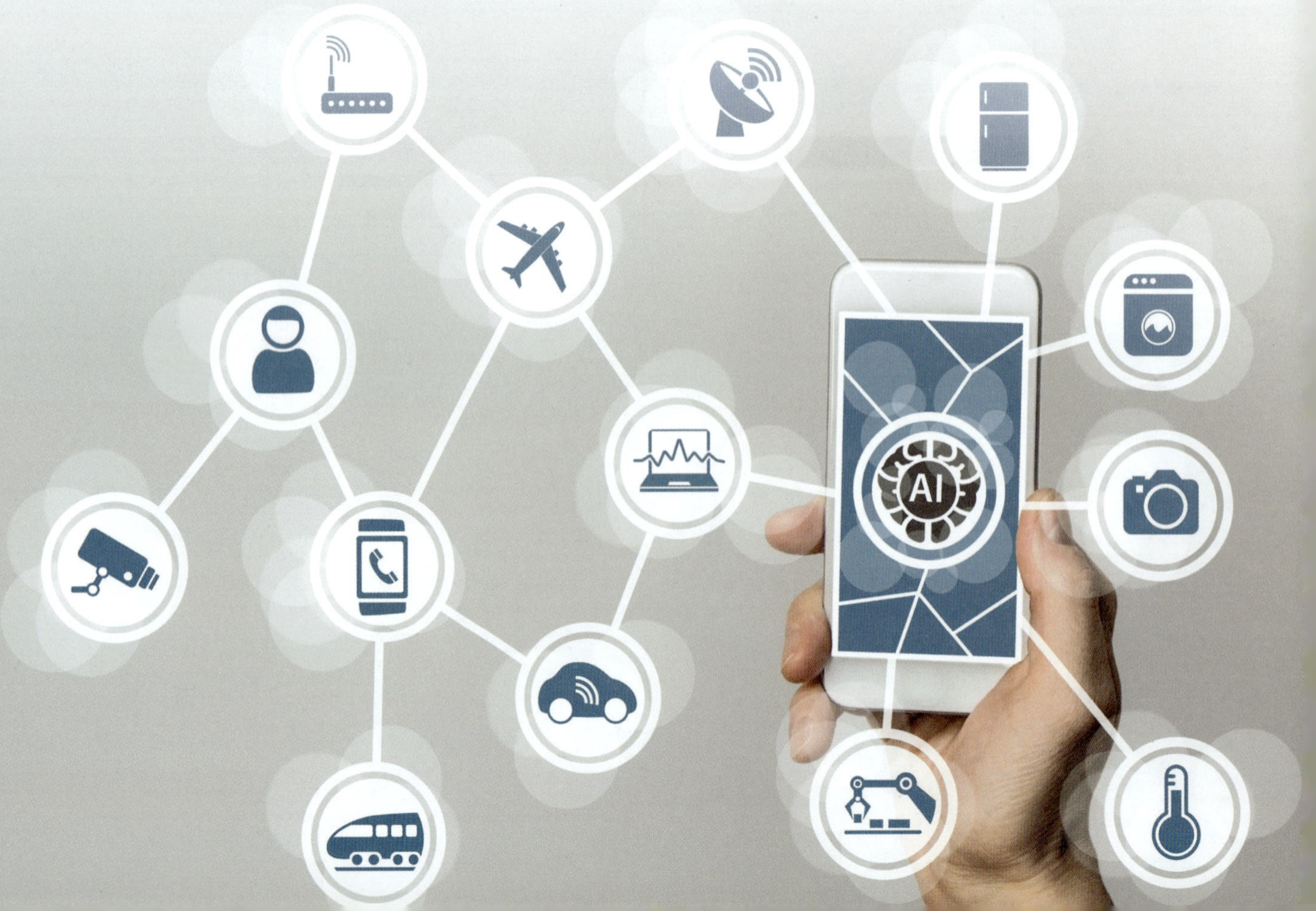
AI

Chapter 6

抽抽樂 App

大家小時候都玩過抽抽樂吧！抽抽樂是懷舊的童玩遊戲，利用手指把盒子的紙張戳破，挖出洞裡面的小禮物。透過這樣的小小驚喜，讓孩子們感到格外有趣。

抽抽樂可以提供在教學或生活上許多不同的應用，例如：可以在學校同樂會時當摸彩的工具，或是用來模擬過年小孩抽獎、園遊會攤位活動等，也可以讓教師作為給予學生獎勵使用。

6-1 抽抽樂基本介面設計

模擬小時候抽抽樂的玩法，因在手機上設計，零成本，又能增加樂趣。

技能活動 抽抽樂 App

分析

1. **輸入**：設定禮物數。
2. **處理**：利用 4x4 的十六方格來記錄不重複的禮物數位置。
3. **輸出**：顯示禮物放在 4x4 的十六方格位置。

介面設計

1 基本介面設計

（圖片來源：https://www.buy123.com.tw/）

手機介面設計

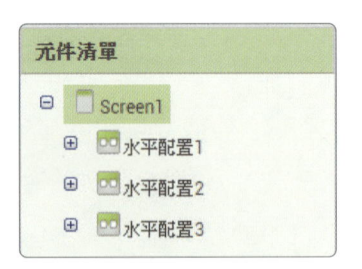

專案所需元件

2 「專案所需元件」詳細介紹

1. 水平配置 1：

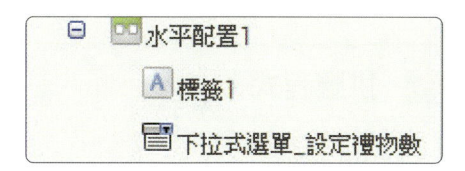

2. 水平配置 2：

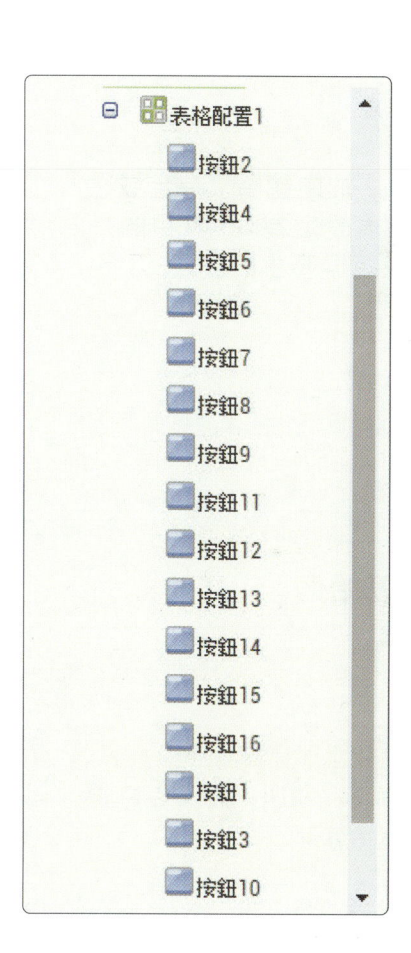

3. 水平配置 3：

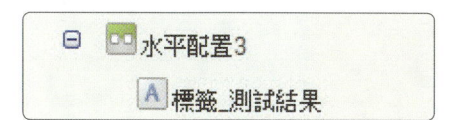

程式設計

1 宣告變數

▼ 行號 01
宣告變數「禮物數」為全域性變數，初值設定為 0，其目的是用來記錄抽抽樂盤子中全部的禮物數。

▼ 行號 02
宣告變數「抽中號碼」為全域性變數，初值設定為 0，其目的是用來記錄隨機產生的號碼（1～16）。

拼圖程式 ch6_1.aia

初始化全域變數 禮物數 為 0
初始化全域變數 抽中號碼 為 0
初始化全域變數 清單抽中號碼 為 建立空清單
初始化全域變數 清單按鈕 為 建立空清單

▼ 行號 03
宣告變數「清單抽中號碼」為全域性清單變數，初值設定為空清單，其目的是用來記錄「禮物數」隨機產生的號碼（1～16）。

▼ 行號 04
宣告變數「清單按鈕」為全域性清單變數，初值設定為空清單，其目的是用來記錄 16 顆按鈕元件。

2 頁面初始化

▼ 行號 01~02
Screen 頁面在初始化時，先設定 16 顆清單按鈕。

拼圖程式 ch6_1.aia

當 Screen1 初始化
執行 設置 global 清單按鈕 為 建立清單 按鈕1
　　　　　　　　　　　　　　　　　　　按鈕2
　　　　　　　　　　　　　　　　　　　按鈕3
　　　　　　　　　　　　　　　　　　　按鈕4
　　　　　　　　　　　　　　　　　　　按鈕5
　　　　　　　　　　　　　　　　　　　按鈕6
　　　　　　　　　　　　　　　　　　　按鈕7
　　　　　　　　　　　　　　　　　　　按鈕8
　　　　　　　　　　　　　　　　　　　按鈕9
　　　　　　　　　　　　　　　　　　　按鈕10
　　　　　　　　　　　　　　　　　　　按鈕11
　　　　　　　　　　　　　　　　　　　按鈕12
　　　　　　　　　　　　　　　　　　　按鈕13
　　　　　　　　　　　　　　　　　　　按鈕14
　　　　　　　　　　　　　　　　　　　按鈕15
　　　　　　　　　　　　　　　　　　　按鈕16

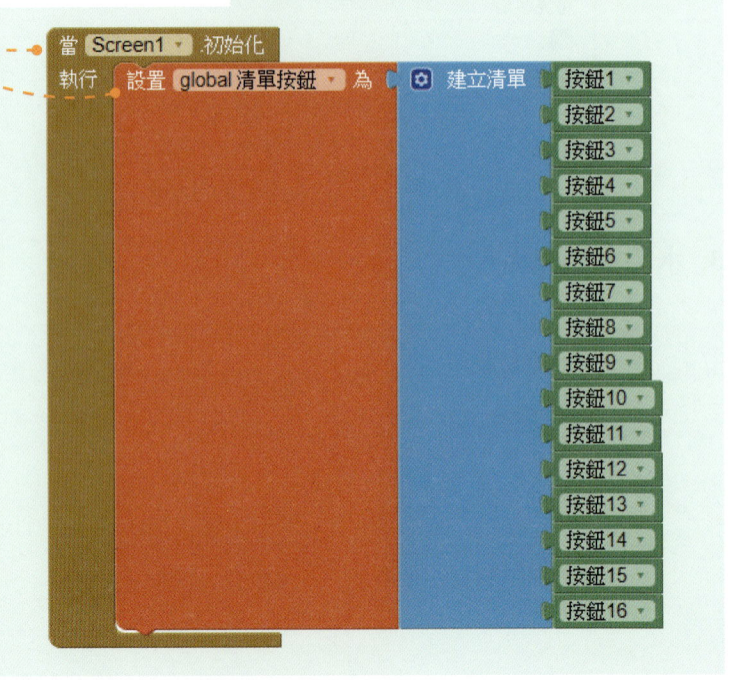

3 定義「按鈕初始化之副程式」

▼ 行號 01
定義「按鈕初始化之副程式」。

▼ 行號 02~03
利用清單專屬迴圈，來設定每一顆按鈕的文字顏色為「黑色」。

4 定義「隨機產生不重複號碼之副程式」

▼ 行號 01
定義「隨機產生不重複號碼之副程式」。

▼ 行號 02
利用計數迴圈來抽出指定禮物數。

▼ 行號 03
利用「抽中號碼」變數來記錄隨機產生的號碼（1～16）。

▼ 行號 04~05
利用條件式迴圈來判斷此時抽中號碼是否已經被抽過（亦即重複號碼），如果「是」的話，則重抽，直到沒有重複為止。

▼ 行號 06
如果沒有重複號碼，就可以將抽中碼號，加入到「清單抽中號碼」中。

▼ 行號 07
最後，再將「清單抽中號碼」全部顯示出來。

5 定義「顯示清單抽中號碼之副程式」

▼ 行號 01
定義「顯示清單抽中號碼之副程式」。

▼ 行號 02
目的用來設定被抽中的號碼，其按鈕的文字顏色為「紅色」。

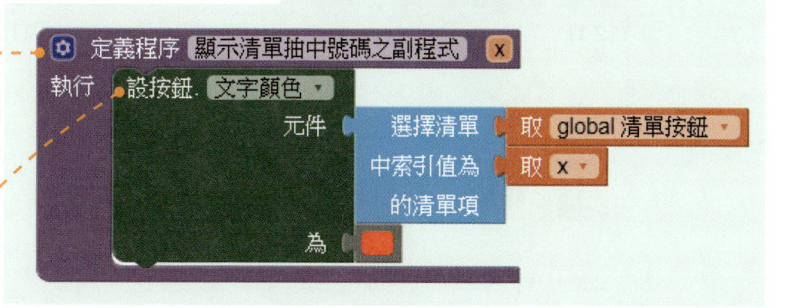

6 「下拉式選單 _ 設定禮物數」之程式

拼圖程式 ch6_1.aia

▼ 行號 01~02
當使用者利用「下拉式選單」來設定禮物數時，它會自動回傳禮物數給「選擇項」。

▼ 行號 03
利用「禮物數」變數來記錄回傳的選擇項。

▼ 行號 04
設定「清單抽中號碼」清單變數為空清單，其目的是用來清空前一次記錄「禮物數」隨機產生的號碼（1～16）。

▼ 行號 05
呼叫「按鈕初始化之副程式」。

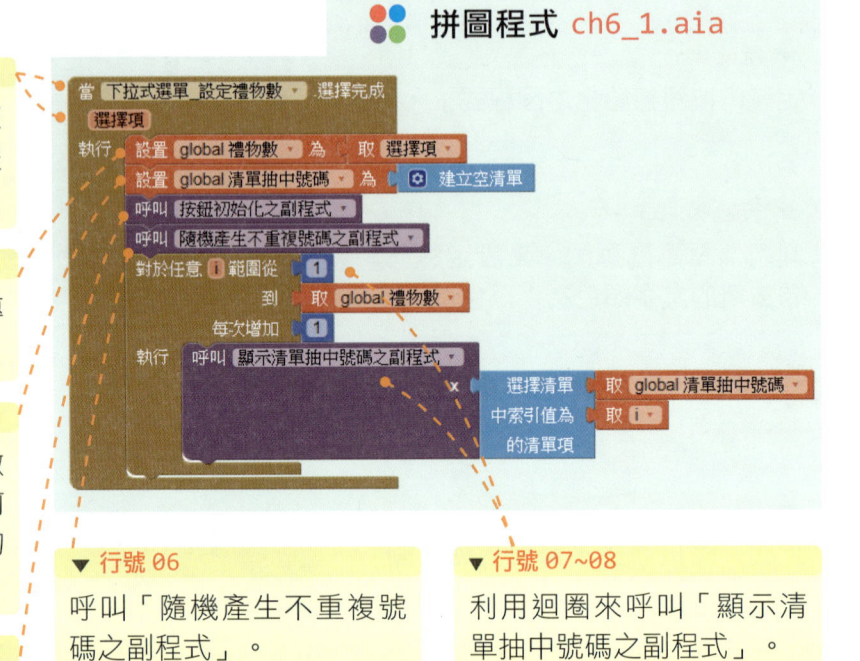

▼ 行號 06
呼叫「隨機產生不重複號碼之副程式」。

▼ 行號 07~08
利用迴圈來呼叫「顯示清單抽中號碼之副程式」。

執行畫面

(12 1)

設定二個禮物

(15 7 16)

設定三個禮物

6-2 設定數字大小及粗體

隨機選到的禮物位置被設定成不同的數字大小及粗體，目的在於產生不重複的禮物，並清楚標示位置。

技能活動 設定代表禮物的數字大小及粗體

分析

1. 輸入：設定禮物數。
2. 處理：利用 4x4 的十六方格來記錄不重複的禮物數位置。
3. 輸出：禮物被顯示在 4x4 的十六方格位置上，並被設定成不同的數字大小及粗體。

介面設計

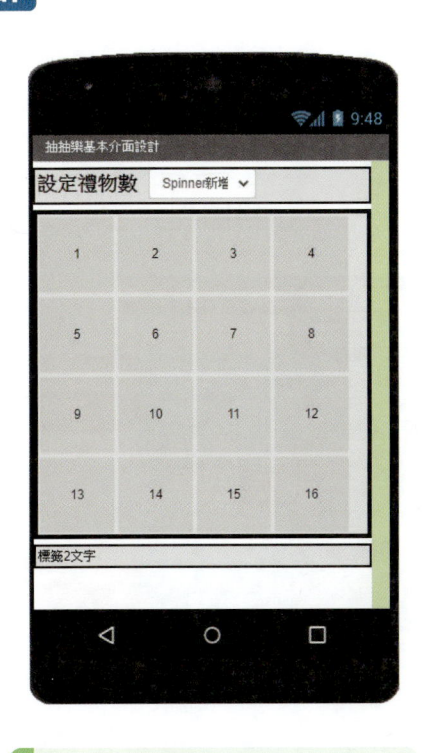

手機介面設計

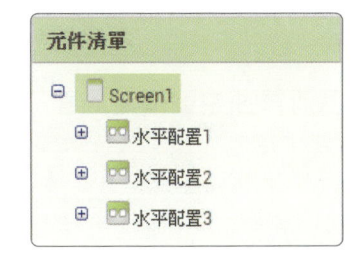

專案所需元件

元件清單
- Screen1
  - 水平配置1
  - 水平配置2
  - 水平配置3

程式設計

1 定義「按鈕初始化之副程式」

▼ 行號 01
定義「按鈕初始化之副程式」。

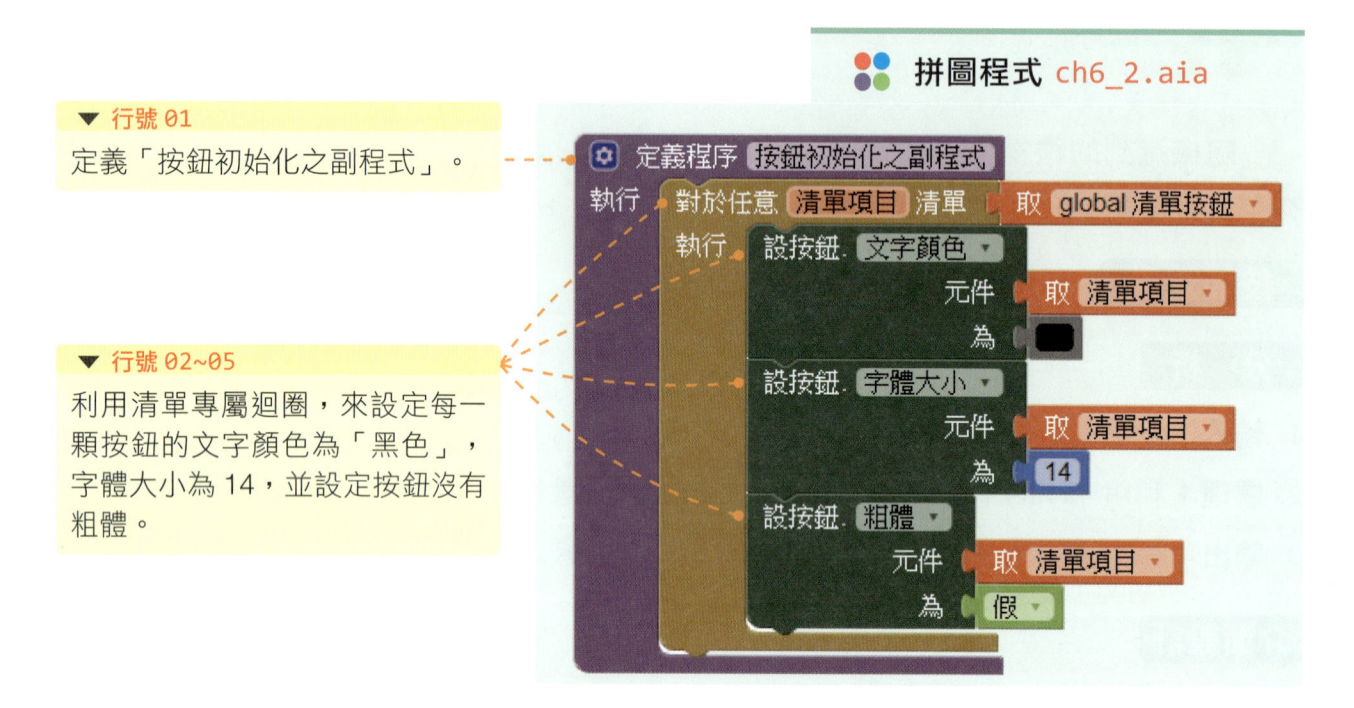

▼ 行號 02~05
利用清單專屬迴圈，來設定每一顆按鈕的文字顏色為「黑色」，字體大小為 14，並設定按鈕沒有粗體。

拼圖程式 ch6_2.aia

2 定義「顯示清單抽中號碼之副程式」

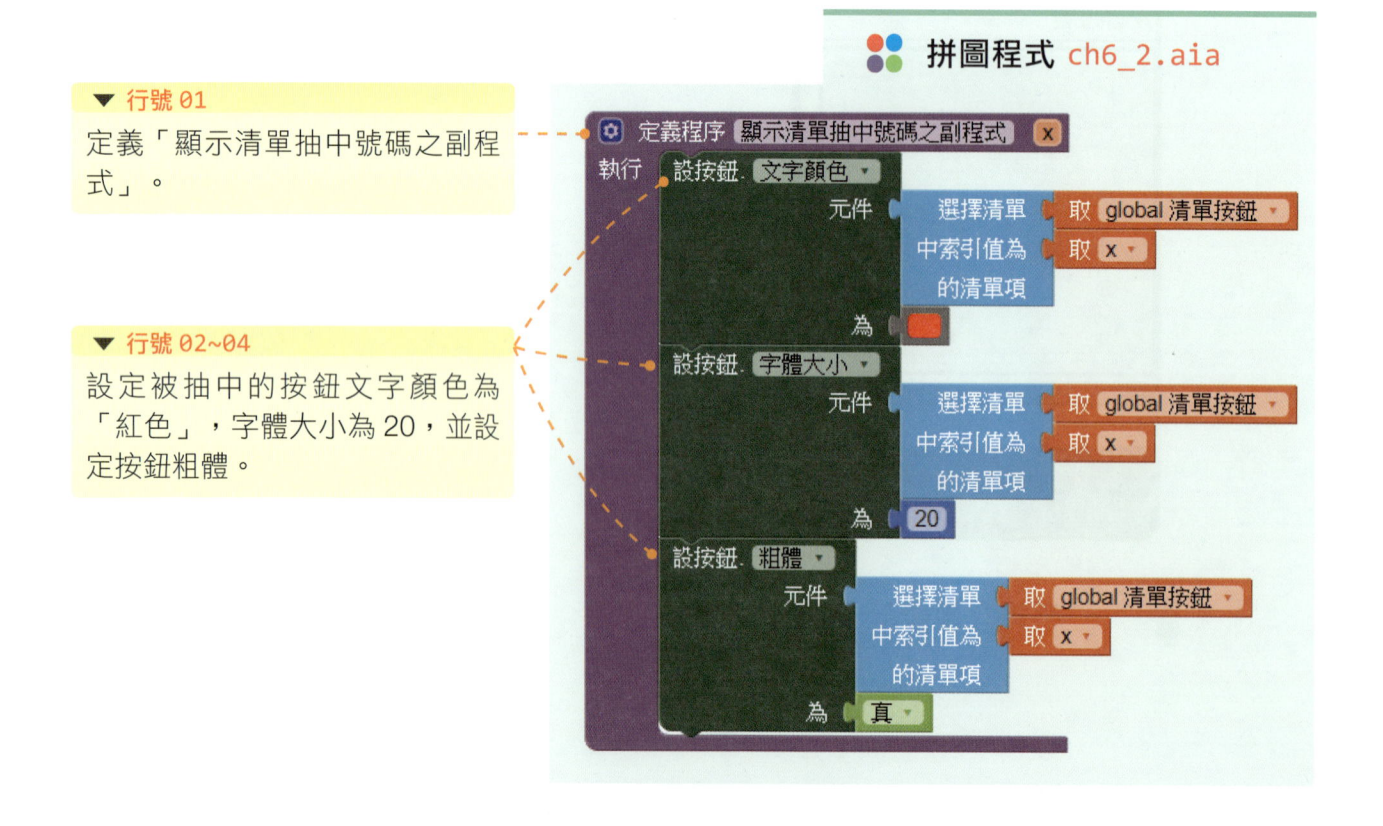

▼ 行號 01
定義「顯示清單抽中號碼之副程式」。

▼ 行號 02~04
設定被抽中的按鈕文字顏色為「紅色」，字體大小為 20，並設定按鈕粗體。

拼圖程式 ch6_2.aia

執行畫面

設定數字大小及粗體

6-3 抽抽樂設定為「○」或「✗」

將隨機抽出的號碼轉換成符號「○」或「✗」，因為真實抽獎情況，只有中獎與不中獎兩種情況，所以目的在模擬抽抽樂的兩種情況「○」或「✗」。

技能活動　將隨機抽出的號碼轉換成符號「○」或「✗」

分　析

1. **輸入**：設定禮物數，並隨機抽抽樂（1～16）。
2. **處理**：被選中為「○」，否則為「✗」。
3. **輸出**：「○」或「✗」。

介面設計

手機介面設計

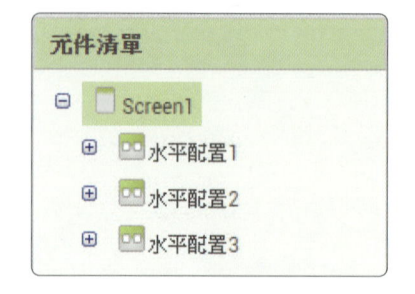

專案所需元件

程式設計

定義「顯示清單抽中號碼之副程式」

拼圖程式 ch6_3.aia

▼ 行號 01

定義「顯示清單抽中號碼之副程式」。

▼ 行號 02~05

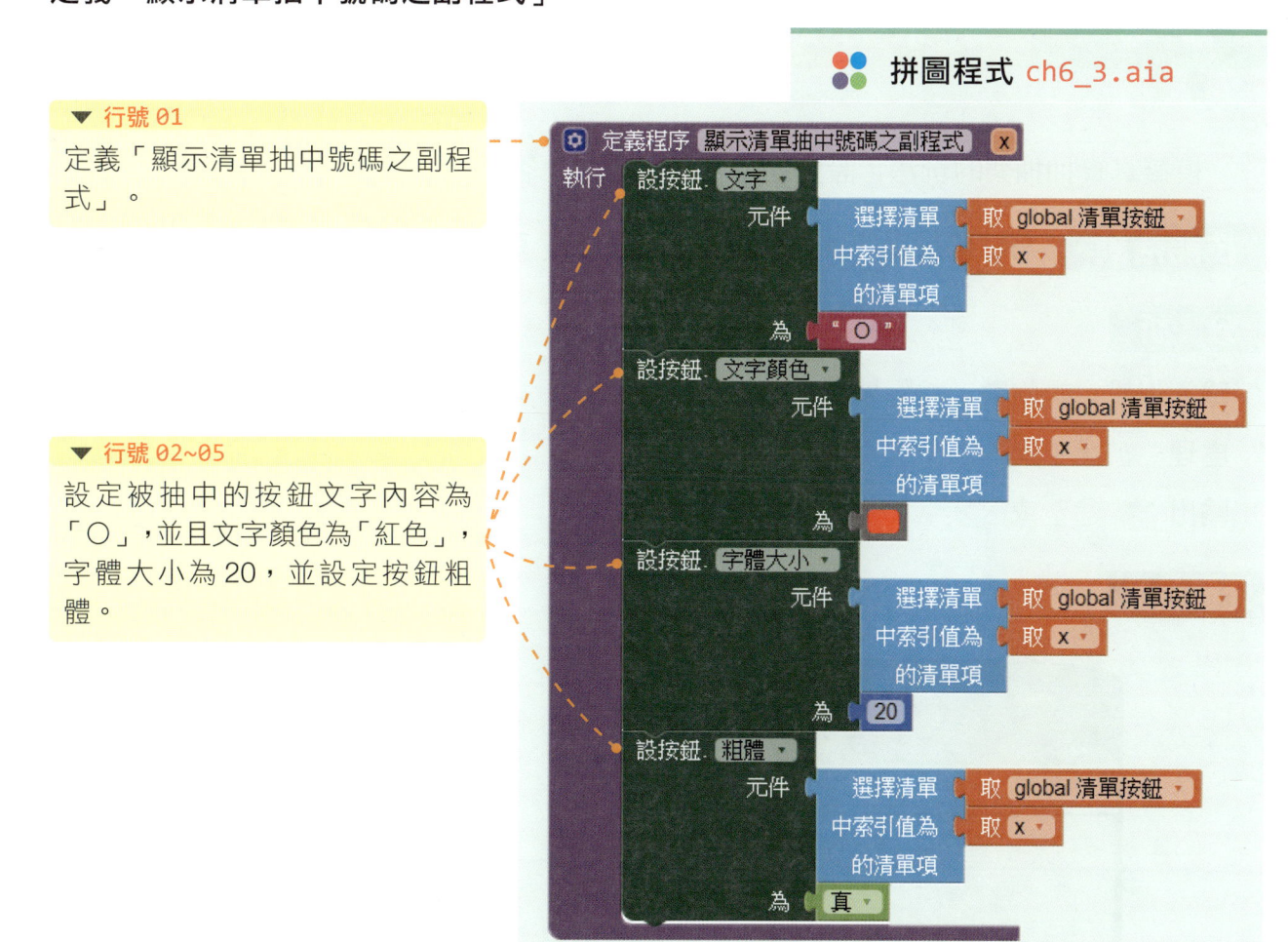

設定被抽中的按鈕文字內容為「○」，並且文字顏色為「紅色」，字體大小為 20，並設定按鈕粗體。

執行畫面

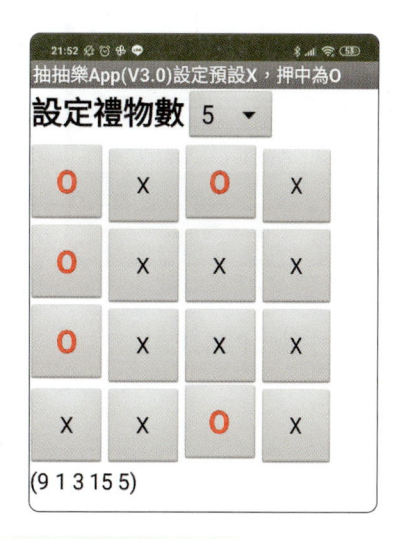

(1 2 4)

(9 1 3 15 5)

設定預設為「╳」，押中為「○」

6-4 玩家抽抽樂押點數

模擬真實抽抽樂的玩法，設定被選中為「○」，否則為「╳」。

技能活動　將隨機抽出的號碼轉換成符號「○」或「╳」

分　析

1. **輸入**：設定禮物數，並隨機抽抽樂（1～16）。
2. **處理**：被選中為「○」，否則為「╳」。
3. **輸出**：「○」或「╳」。

介面設計

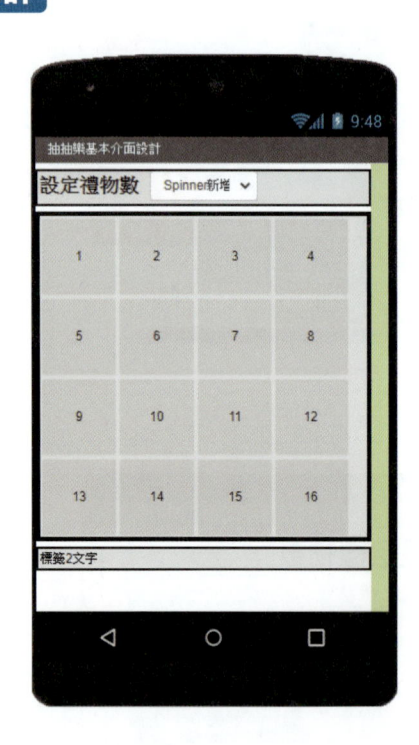

手機介面設計

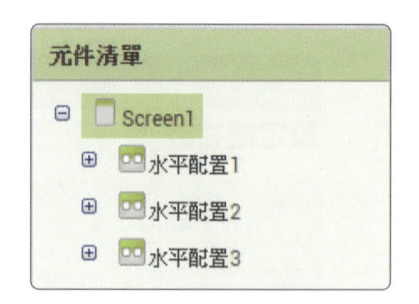

專案所需元件

程式設計

> **註** 其餘程式請參考 ch6_3.aia。

1 「下拉式選單_設定禮物數」之程式

▼ 行號 01~02
當利用「下拉式選單」來設定禮物數時，它會自動回傳禮物數給「選擇項」。

▼ 行號 03
利用「禮物數」變數來記錄回傳的選擇項。

▼ 行號 04
設定「清單抽中號碼」清單變數為空清單，其目的是用來清空前一次記錄「禮物數」隨機產生的號碼（1～16）。

▼ 行號 05
呼叫「按鈕初始化之副程式」。

▼ 行號 06
呼叫「隨機產生不重複號碼之副程式」。

2 定義「檢查是否有被押中之副程式」

▼ 行號 01
定義「檢查是否有被押中之副程式」。

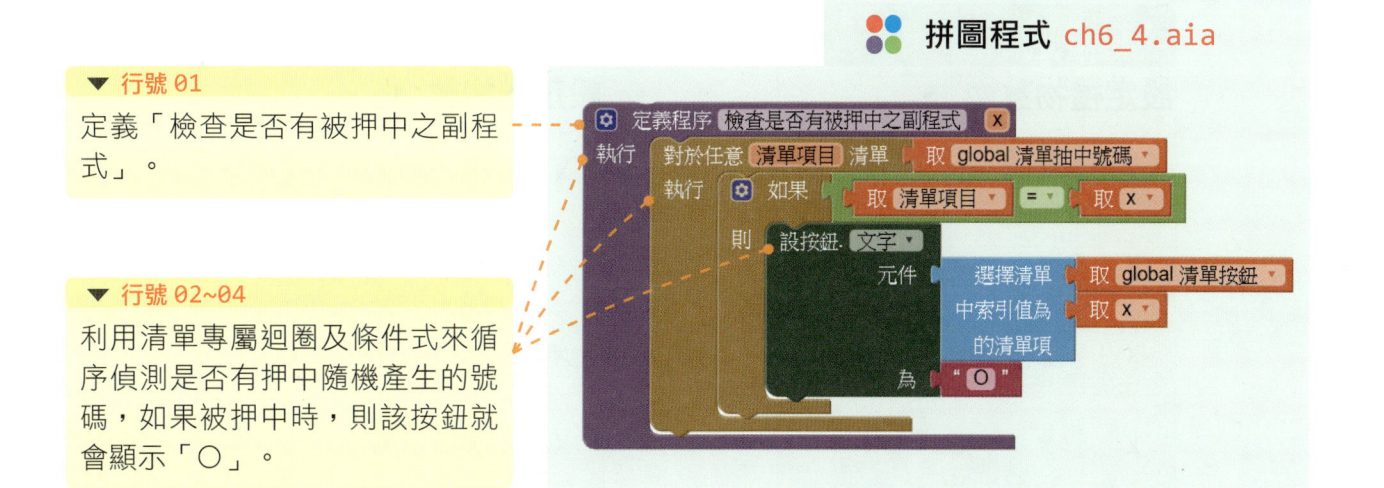

▼ 行號 02~04
利用清單專屬迴圈及條件式來循序偵測是否有押中隨機產生的號碼，如果被押中時，則該按鈕就會顯示「○」。

3 按鈕 1 ～ 16 程式

拼圖程式 ch6_4.aia

▼
每一個按鈕被按下時，自動會去呼叫「檢查是否有被押中之副程式」，並將該按鈕的編號傳送給副程式的參數。

執行畫面

(15 3)

(6 8 2 4)

可押點數

6-5 押中產生音效

設計押中及沒押中時,產生不同的音效,目的是讓抽抽樂增加音效產生樂趣。

技能活動　設計押中及沒押中時產生音效

分析

1. **輸入**:設定禮物數,並隨機押抽抽樂(1～16)。
2. **處理**:設定押中及沒押中,產生不同的音效。
3. **輸出**:不同的音效。

介面設計

手機介面設計

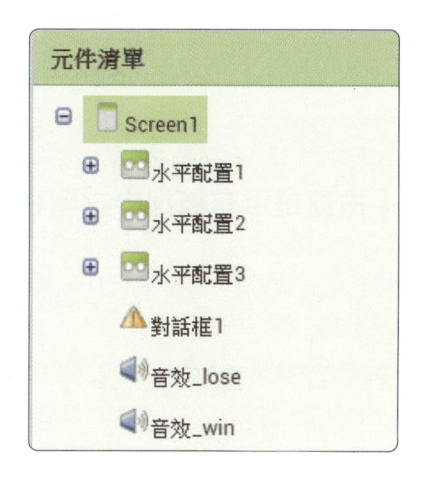

專案所需元件

程式設計

> 註　參考上一節程式，再修改如下兩個模組。

1 定義「按鈕初始化之副程式」

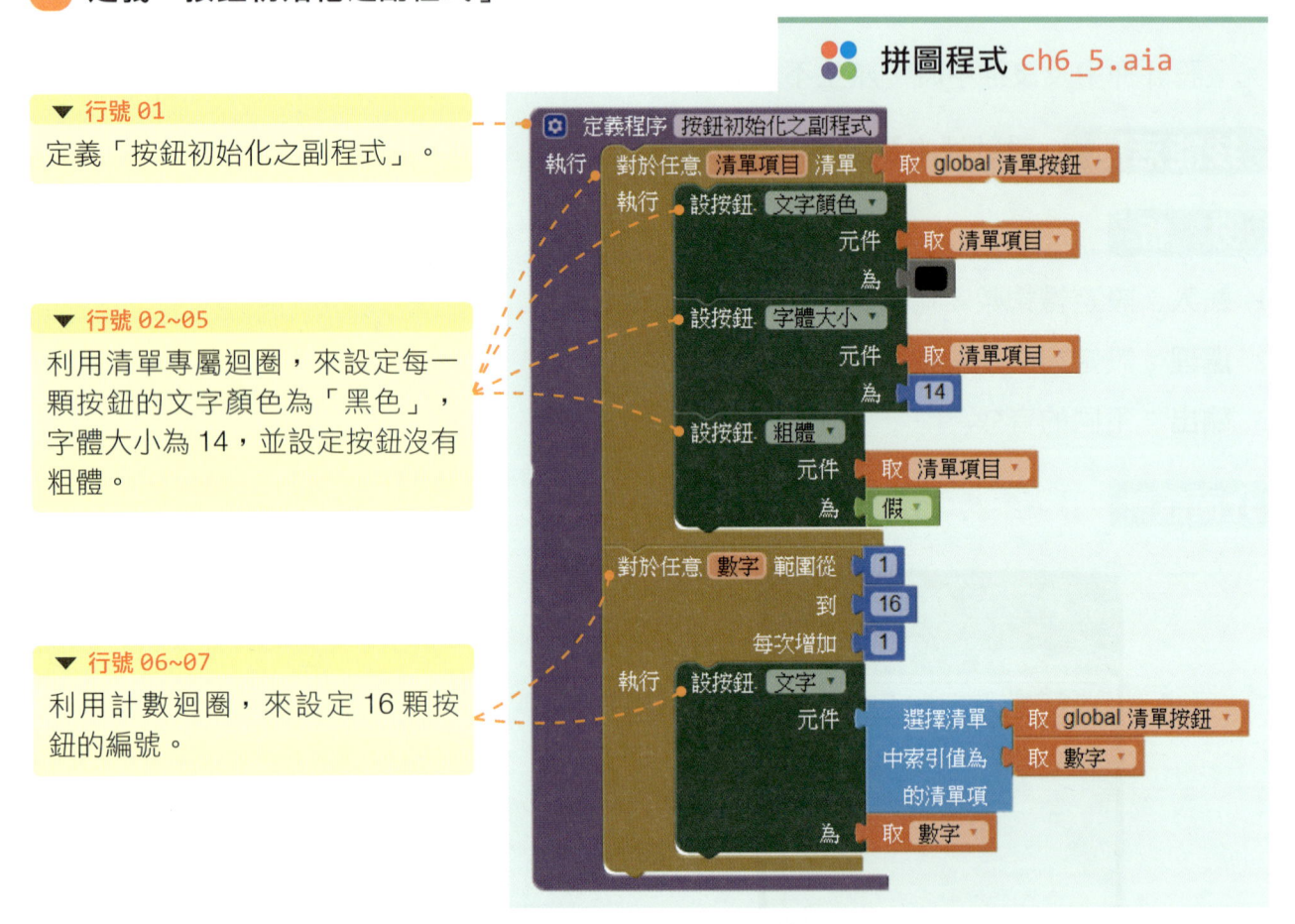

▼ 行號 01
定義「按鈕初始化之副程式」。

▼ 行號 02~05
利用清單專屬迴圈，來設定每一顆按鈕的文字顏色為「黑色」，字體大小為 14，並設定按鈕沒有粗體。

▼ 行號 06~07
利用計數迴圈，來設定 16 顆按鈕的編號。

拼圖程式 ch6_5.aia

2 定義「檢查是否有被押中之副程式」

▼ 行號 01
定義「檢查是否有被押中之副程式」。

▼ 行號 02~06
利用清單專屬迴圈及條件式，來循序偵測是否有押中隨機產生的號碼。如果被押中時，則該按鈕就會顯示「○」，並且發出押中的音效；否則，就會發出沒押中的音效。

拼圖程式 ch6_5.aia

執行畫面

(11 10 16 3 1)

(14 9)

押中產生音效

實作題

在練習本章的範例後，是否發現程式似乎缺少「統計押中次數」。因此，請再加入此功能，讓抽抽樂 App 可以統計使用者抽抽樂押中的次數。

程式設計

定義「檢查是否有被押中之副程式」

拼圖程式 ch6_hw1.aia

```
初始化全域變數 押中次數 為 0

定義程序 檢查是否有被押中之副程式 x
執行 對於任意 清單項目 清單 取 global 清單抽中號碼
    執行 如果 取 清單項目 = 取 x
        則 設 按鈕.文字
            元件 選擇清單 取 global 清單按鈕
                 中索引值為 取 x
                 的清單項
            為 "O"
        呼叫 音效_win.播放
        設置 global 押中次數 為 取 global 押中次數 + 1
        設 標籤_三次皆押中.文字 為 取 global 押中次數
        否則 呼叫 音效_lose.播放
```

執行畫面

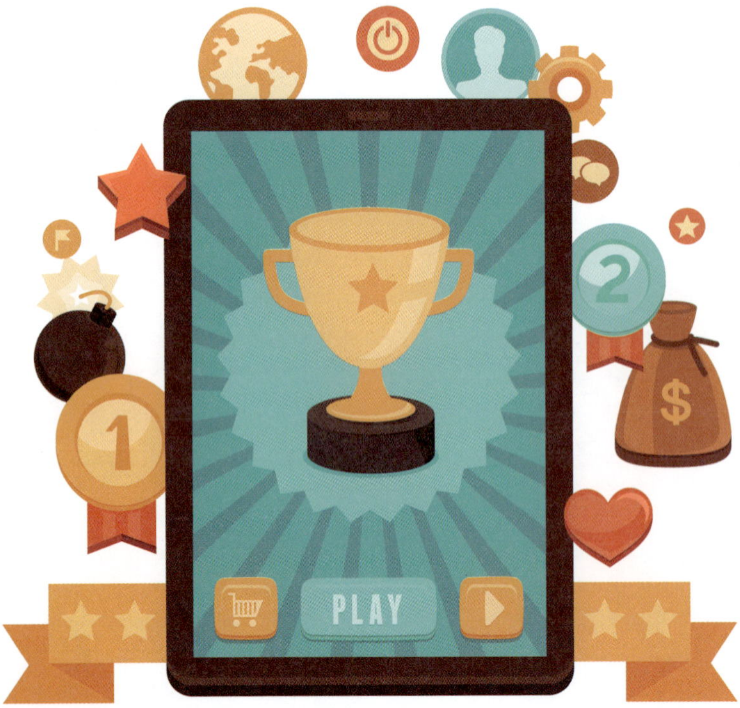
PLAY

Chapter 7

猜拳遊戲 App

　　玩樂是兒童的天性，健康的遊戲活動可以豐富學生的課間生活，培養思維反應、社交表達、情緒控制等多種能力，特別是融入現實的遊戲還能拉近孩子們的距離。

　　猜拳是童年幾乎會玩到的遊戲，雙手萬能，只要有玩伴，不拘地點且毋需工具，任何情況下都能玩。兩個或兩個以上的玩家先各自握拳，然後共同唸出口令，在說完最後一個音節時，各玩家出示自己心中想好的手勢：「剪刀」、「石頭」或「布」。

7-1 簡易猜拳遊戲 App

利用手機 App 來設計模擬猜拳遊戲，目的在於瞭解隨機變數的使用及應用方式，如右圖所示：

技能活動　簡易猜拳遊戲 App

1. 準備四張照片。

剪刀	石頭	布	等待

2. 三個音效檔：勝利、平手、失敗。

分　析

1. **輸入**：按剪刀、石頭、布。
2. **處理**：

		手機		
		剪刀	石頭	布
玩家	剪刀	平手	失敗	勝利
	石頭	勝利	平手	失敗
	布	失敗	勝利	平手

3. **輸出**：勝利、平手、失敗。

介面設計

1 基本介面設計

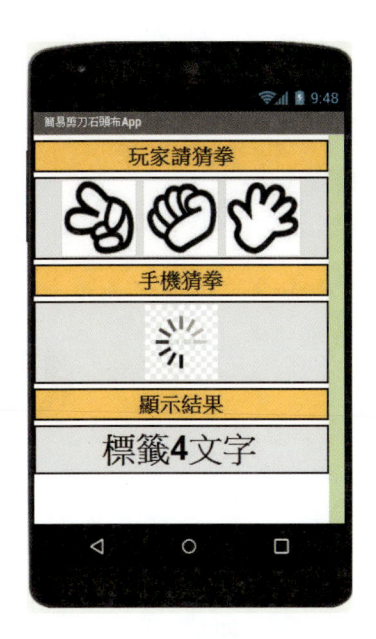

手機介面設計

專案所需元件

2 「專案所需元件」詳細介紹

1. 水平配置_玩家請猜拳標頭：

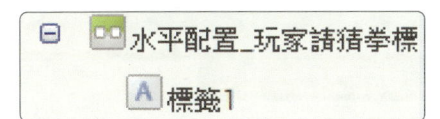

2. 水平配置_玩家請猜拳：
   - 按鈕_剪刀
   - 按鈕_石頭
   - 按鈕_布

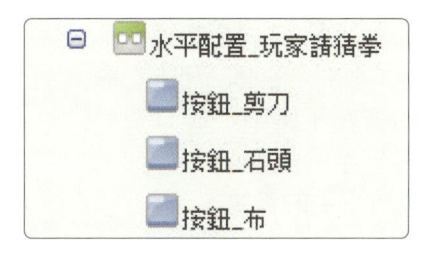

3. 水平配置_手機猜拳標頭：
   - 標籤2

4. 水平配置_手機猜拳：
   - 圖像_手機猜拳

5. 水平配置_手機猜拳標頭：
   - 水平配置_顯示結果標頭
   - 標籤3

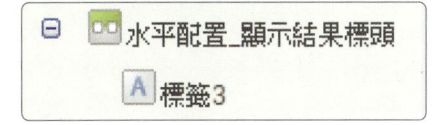

6. 水平配置_手機猜拳：
   - 水平配置_顯示結果
   - 標籤_結果

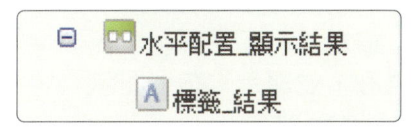

7. 其他元件：

   音效_balance
   音效_lose
   音效_win
   計時器

   素材
   A.png
   B.png
   C.png
   balance.mp3
   lose.mp3
   wait.jpg
   win.mp3

程式設計

1 玩家（剪刀）

拼圖程式 ch7_1.aia

▼ 行號 01～02

宣告變數「手機猜拳」為全域性變數，初值設定為 0，其目的是用來記錄隨機產生的亂數值（1～3），其中 1：代表剪刀，2：代表石頭，3：代表布。

▼ 行號 03～06

當玩家按「剪刀」鈕時，如果「手機猜拳」值為 1 時是「剪刀」，代表雙方平手，並顯示「剪刀」圖示及播放平手的音效。

▼ 行號 07～10

當玩家按「剪刀」鈕時，如果「手機猜拳」值為 2 時是「石頭」，代表玩家失敗，並顯示「石頭」圖示及播放失敗的音效。

▼ 行號 11～14

當玩家按「剪刀」鈕時，如果「手機猜拳」值為 3 時是「布」，代表玩家勝利，並顯示「布」圖示及播放勝利的音效。

2 玩家（石頭）

▼ 行號 01~05
當玩家按「石頭」鈕時，如果「手機猜拳」值為1時是「剪刀」，代表玩家勝利，並顯示「剪刀」圖示及播放勝利的音效。

▼ 行號 06~09
當玩家按「石頭」鈕時，如果「手機猜拳」值為2時是「石頭」，代表雙方平手，並顯示「石頭」圖示及播放平手的音效。

▼ 行號 10~13
當玩家按「石頭」鈕時，如果「手機猜拳」值為3時是「布」，代表玩家失敗，並顯示「布」圖示及播放失敗的音效。

拼圖程式 ch7_1.aia

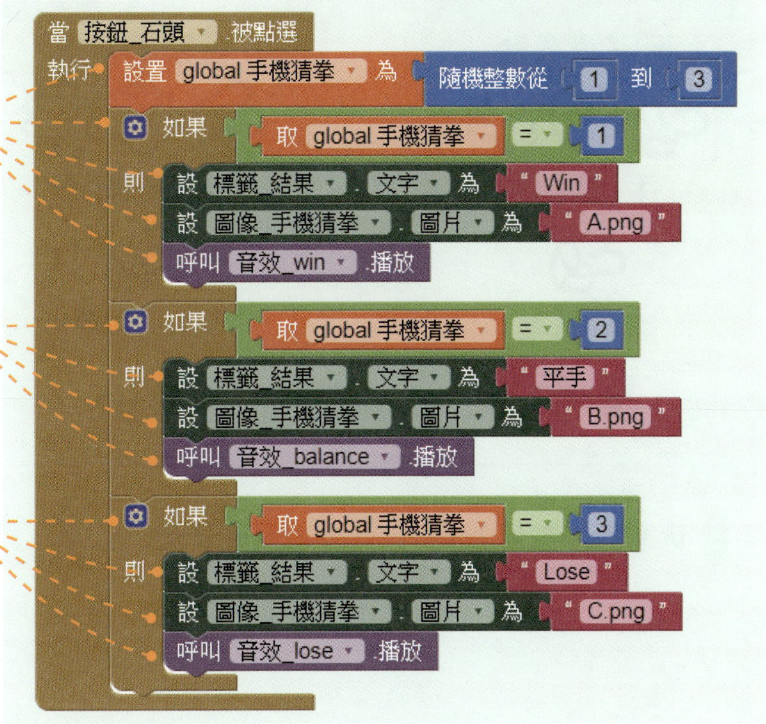

```
當 按鈕_石頭 被點選
執行 設置 global 手機猜拳 為 隨機整數從 1 到 3
    如果 取 global 手機猜拳 = 1
    則 設 標籤_結果.文字 為 "Win"
       設 圖像_手機猜拳.圖片 為 "A.png"
       呼叫 音效_win.播放
    如果 取 global 手機猜拳 = 2
    則 設 標籤_結果.文字 為 "平手"
       設 圖像_手機猜拳.圖片 為 "B.png"
       呼叫 音效_balance.播放
    如果 取 global 手機猜拳 = 3
    則 設 標籤_結果.文字 為 "Lose"
       設 圖像_手機猜拳.圖片 為 "C.png"
       呼叫 音效_lose.播放
```

3 玩家（布）

▼ 行號 01~05
當玩家按「布」鈕時，如果「手機猜拳」值為1時是「剪刀」，代表玩家失敗，並顯示「剪刀」圖示及播放失敗的音效。

▼ 行號 06~09
當玩家按「布」鈕時，如果「手機猜拳」值為2時是「石頭」，代表玩家勝利，並顯示「石頭」圖示及播放勝利的音效。

▼ 行號 10~13
當玩家按「布」鈕時，如果「手機猜拳」值為3時是「布」，代表雙方平手，並顯示「布」圖示及播放平手的音效。

拼圖程式 ch7_1.aia

```
當 按鈕_布 被點選
執行 設置 global 手機猜拳 為 隨機整數從 1 到 3
    如果 取 global 手機猜拳 = 1
    則 設 標籤_結果.文字 為 "Lose"
       設 圖像_手機猜拳.圖片 為 "A.png"
       呼叫 音效_lose.播放
    如果 取 global 手機猜拳 = 2
    則 設 標籤_結果.文字 為 "Win"
       設 圖像_手機猜拳.圖片 為 "B.png"
       呼叫 音效_win.播放
    如果 取 global 手機猜拳 = 3
    則 設 標籤_結果.文字 為 "平手"
       設 圖像_手機猜拳.圖片 為 "C.png"
       呼叫 音效_balance.播放
```

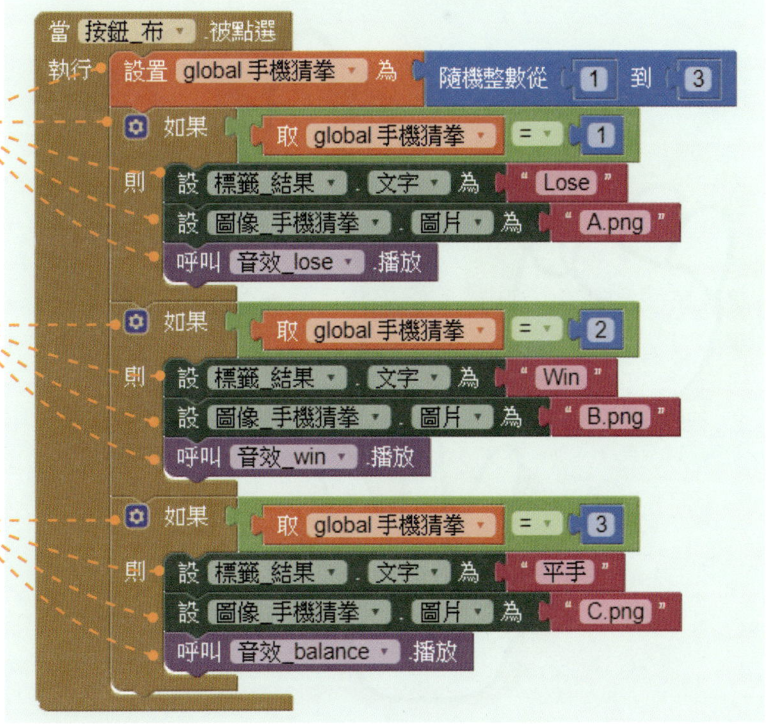

執行畫面

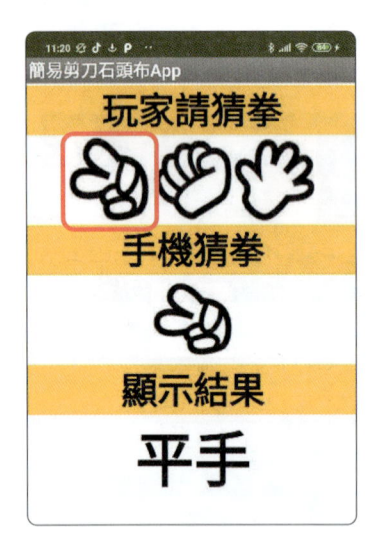

玩家猜（剪刀）  　　玩家猜（石頭）  　　玩家猜（布）

7-2 猜拳指示燈

玩家猜拳時，可以顯示目前的狀態，目的是讓猜拳遊戲更人性化。

技能活動 設計猜拳指示燈

分析

1. **輸入**：按剪刀、石頭、布。
2. **處理**：(1) 如果玩家按「剪刀」鈕時，「剪刀」鈕上的指示燈就會亮。
   (2) 如果玩家按「石頭」鈕時，「石頭」鈕上的指示燈就會亮。
   (3) 如果玩家按「布」鈕時，「布」鈕上的指示燈就會亮。
3. **輸出**：顯示目前狀態的指示燈。

介面設計

手機介面設計　　　　　　　　　專案所需元件

程式設計

1 定義「狀態亮」之副程式

拼圖程式 ch7_2.aia

▼ 行號 01

宣告變數「隨機顏色」為全域性變數，初值設定為 0，其目的是用來記錄隨機產生的亂數值（1～3），其中 1：代表亮綠色，2：代表亮粉紅色，3：代表亮淺藍色。

▼ 行號 02

定義「狀態亮」之副程式，其中 X 參數代表「剪刀」、「石頭」及「布」的代碼。

▼ 行號 03

設定「隨機顏色」變數，來儲存隨機產生的亂數值（1～3）。

▼ 行號 04~08

如果「隨機顏色」值等於 1，且 X 值為 1 時，玩家按下「剪刀」鈕，此刻「剪刀」鈕的上方標籤就會顯示「綠色」，而「石頭」與「布」鈕的上方標籤就會顯示「灰色」。

▼ 行號 09~12

如果 X 值為 2 時，玩家按下「石頭」鈕，此刻「石頭」鈕的上方標籤就會顯示「綠色」，而「剪刀」與「布」鈕的上方標籤就會顯示「灰色」。

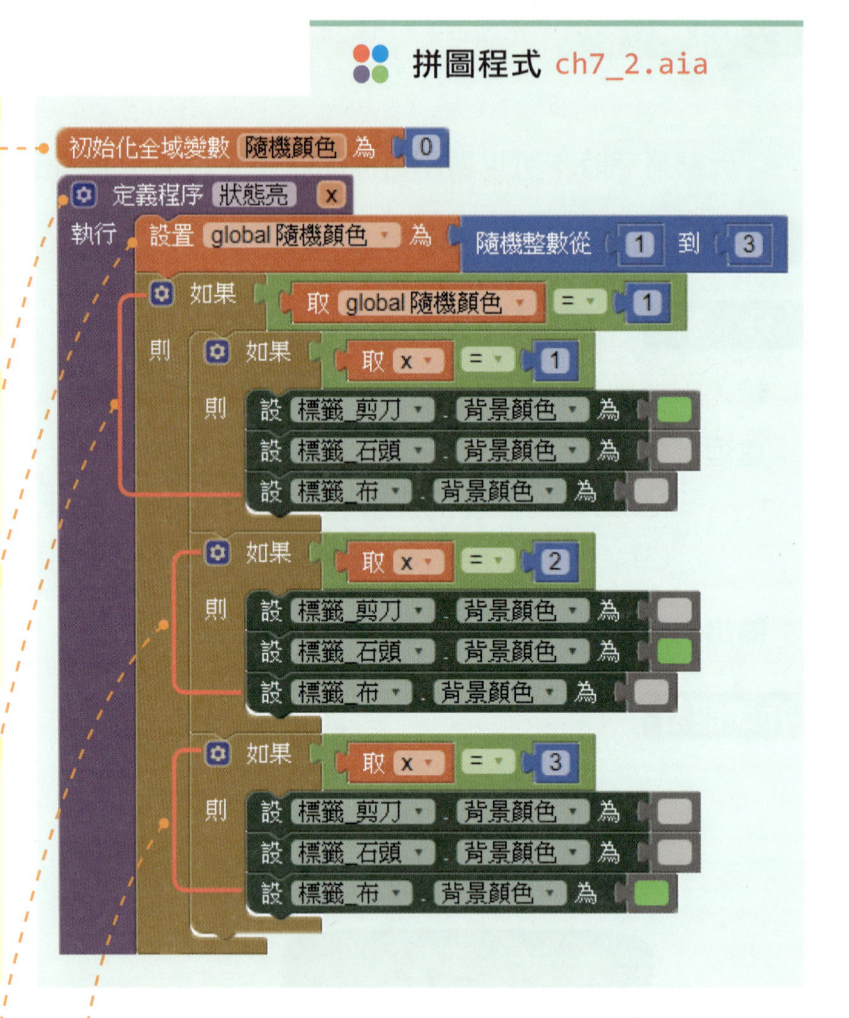

▼ 行號 13~16

如果 X 值為 3 時，玩家按下「布」鈕，此刻「布」鈕的上方標籤就會顯示「綠色」，而「剪刀」與「石頭」鈕的上方標籤就會顯示「灰色」。

▼ 行號 17~21

如果「隨機顏色」值等於 2，且 X 值為 1 時，玩家按下「剪刀」鈕，此刻「剪刀」鈕的上方標籤就會顯示「粉紅色」，而「石頭」與「布」鈕的上方標籤就會顯示「灰色」。

▼ 行號 22~25

如果 X 值為 2 時，玩家按下「石頭」鈕，此刻「石頭」鈕的上方標籤就會顯示「粉紅色」，而「剪刀」與「布」鈕的上方標籤就會顯示「灰色」。

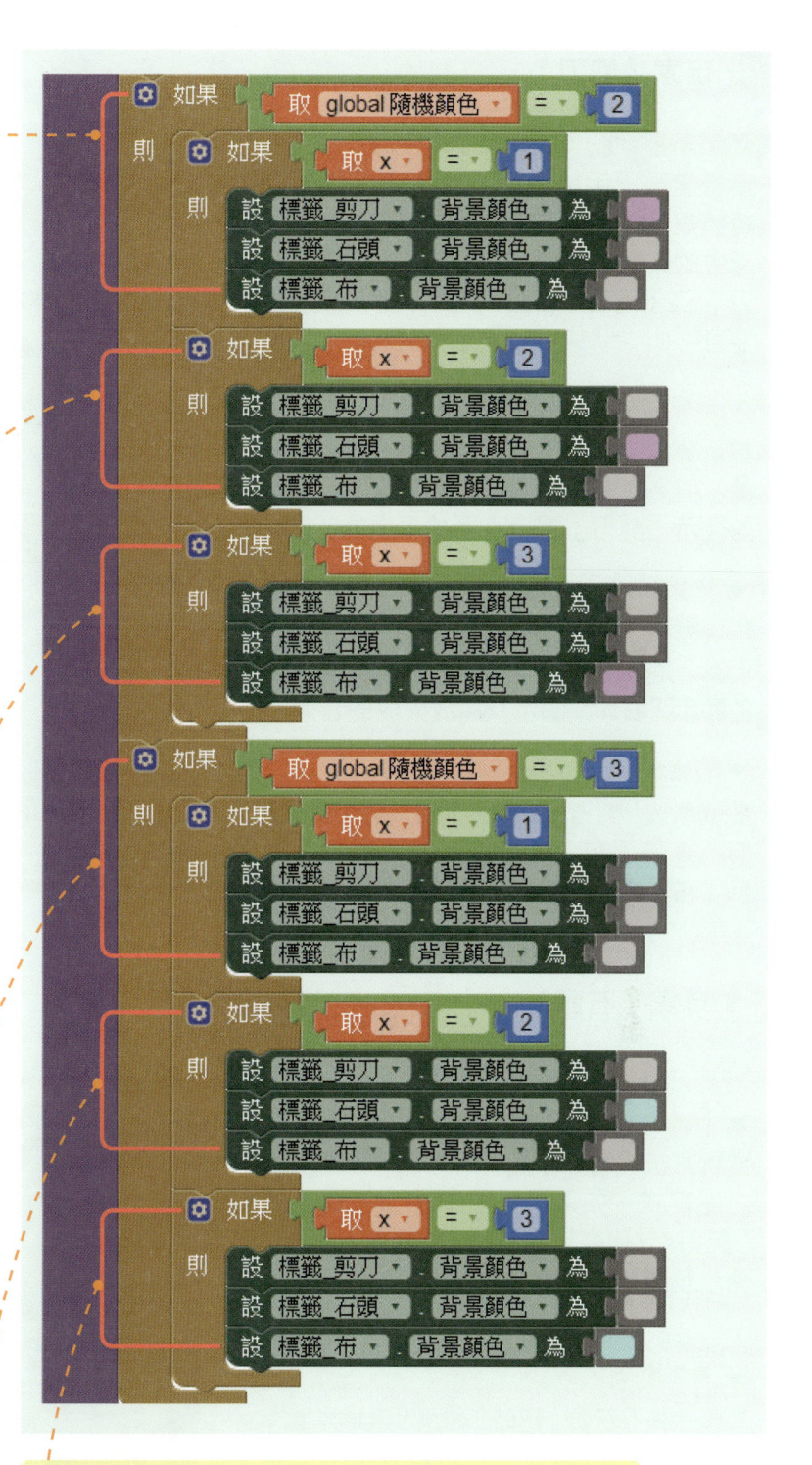

▼ 行號 26~29

如果 X 值為 3 時，玩家按下「布」鈕，此刻「布」鈕的上方標籤就會顯示「粉紅色」，而「剪刀」與「石頭」鈕的上方標籤就會顯示「灰色」。

▼ 行號 30~34

如果「隨機顏色」值等於 3，且 X 值為 1 時，玩家按下「剪刀」鈕，此刻「剪刀」鈕的上方標籤就會顯示「淺藍色」，而「石頭」與「布」鈕的上方標籤就會顯示「灰色」。

▼ 行號 35~38

如果 X 值為 2 時，玩家按下「石頭」鈕，此刻「石頭」鈕的上方標籤就會顯示「淺藍色」，而「剪刀」與「布」鈕的上方標籤就會顯示「灰色」。

▼ 行號 39~42

如果 X 值為 3 時，玩家按下「布」鈕，此刻「布」鈕的上方標籤就會顯示「淺藍色」，而「剪刀」與「石頭」鈕的上方標籤就會顯示「灰色」。

❷ 玩家（剪刀）

▼ 行號 01~02

宣告變數「手機猜拳」為全域性變數，初值設定為 0，其目的是用來記錄隨機產生的亂數值（1～3），其中 1：代表「剪刀」，2：代表「石頭」，3：代表「布」。並且呼叫「狀態亮」之副程式。

▼ 行號 03~07

當玩家按「剪刀」鈕時，如果「手機猜拳」值為 1 是「剪刀」，代表雙方平手，並顯示「剪刀」圖示及播放平手的音效。

▼ 行號 08~11

當玩家按「剪刀」鈕時，如果「手機猜拳」值為 2 是「石頭」，因此，代表玩家失敗，並顯示「石頭」圖示及播放失敗的音效。

▼ 行號 12~15

當玩家按「剪刀」鈕時，如果「手機猜拳」值為 3 是「布」，代表玩家勝利，並顯示「布」圖示及播放勝利的音效。

拼圖程式 ch7_2.aia

❸ 玩家（石頭）

▼ 行號 01~06

當玩家按「石頭」鈕時，呼叫「狀態亮」之副程式。如果「手機猜拳」值為 1 是「剪刀」，代表玩家勝利，並顯示「剪刀」圖示及播放勝利的音效。

▼ 行號 07~10

當玩家按「石頭」鈕時，如果「手機猜拳」值為 2 是「石頭」，代表雙方平手，並顯示「石頭」圖示及播放平手的音效。

▼ 行號 11~14

當玩家按「石頭」鈕時，如果「手機猜拳」值為 3 代表是「布」，代表玩家失敗了，並顯示「布」圖示及播放失敗的音效。

拼圖程式 ch7_2.aia

Chapter 7 猜拳遊戲 App | 123

4 玩家（布）

拼圖程式 ch7_2.aia

▼ 行號 01~06
當玩家按「布」鈕時，呼叫「狀態亮」之副程式。如果「手機猜拳」值為 1 是「剪刀」，代表玩家失敗，並顯示「剪刀」圖示及播放失敗的音效。

▼ 行號 07~10
當玩家按「布」鈕時，如果「手機猜拳」值為 2 是「石頭」，代表玩家勝利，並顯示「石頭」圖示及播放勝利的音效。

▼ 行號 11~14
當玩家按「布」鈕時，如果「手機猜拳」值為 3 是「布」，代表雙方平手，並顯示「布」圖示及播放平手的音效。

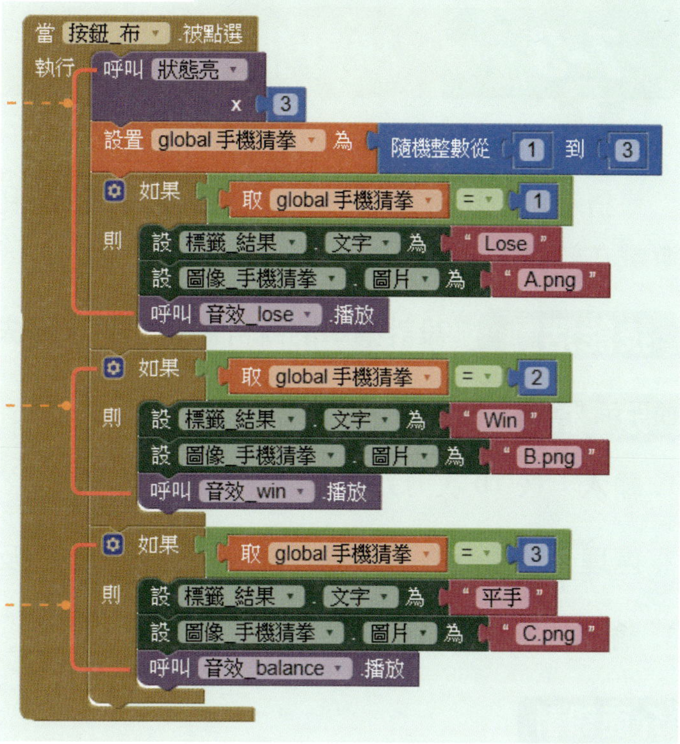

執行畫面

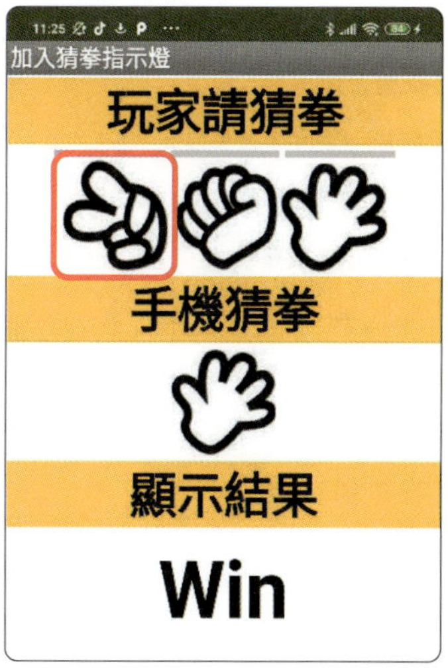

玩家猜（剪刀）— Win

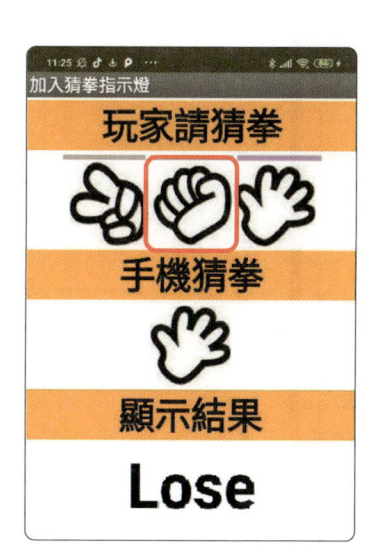

玩家猜（石頭）— Lose

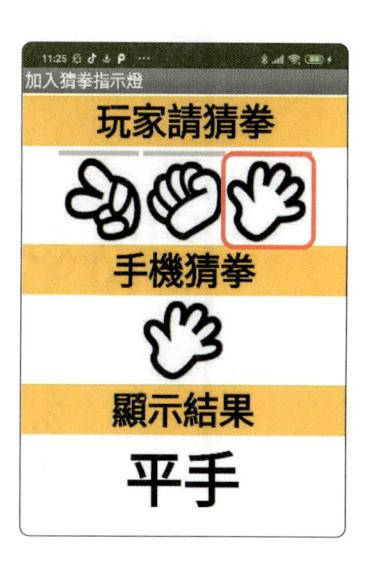

玩家猜（布）— 平手

7-3 統計猜拳的勝利、平手及失敗次數

猜拳遊戲玩過好幾次後,設計可以統計勝利、平手及失敗次數,目的在於瞭解機率遊戲在統計上的應用。

技能活動 設計猜拳的統計勝利、平手及失敗次數

分　析

1. **輸入**:按 10 次剪刀、石頭、布。

2. **處理**:利用計數器來統計猜拳的勝利、平手及失敗次數。

3. **輸出**:猜拳的勝利、平手及失敗次數。

介面設計

① 基本介面設計

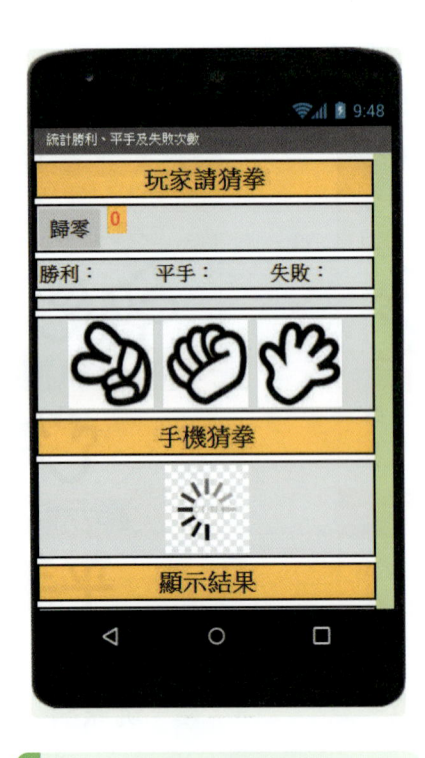

手機介面設計

元件清單
- Screen1
  - 水平配置_玩家請猜拳標頭
  - 水平配置_歸零及總次數
  - 水平配置_勝利平手及失敗
  - 水平配置_猜拳指示燈
  - 水平配置_玩家請猜拳
  - 水平配置_手機猜拳標頭
  - 水平配置_手機猜拳
  - 水平配置_顯示結果標頭
  - 水平配置_顯示結果
  - 音效_balance
  - 音效_lose
  - 音效_win
  - 對話框1

專案所需元件

2 「專案所需元件」詳細介紹

1. 水平配置_玩家請猜拳標頭：

   - 水平配置_玩家請猜拳標頭
     - 標籤1

2. 水平配置_歸零及總次數：

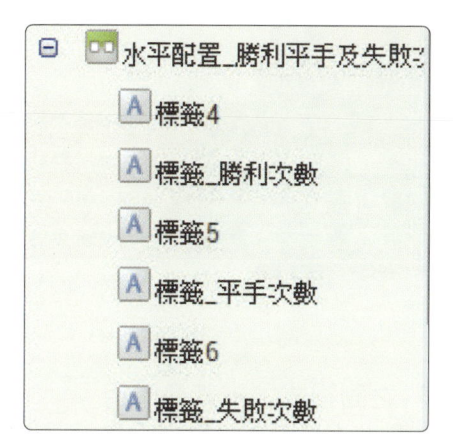

   - 水平配置_歸零及總次數
     - 按鈕_歸零
     - 標籤_總次數

3. 水平配置_勝利平手及失敗次數：

   - 水平配置_勝利平手及失敗次數
     - 標籤4
     - 標籤_勝利次數
     - 標籤5
     - 標籤_平手次數
     - 標籤6
     - 標籤_失敗次數

4. 水平配置_猜拳指示燈：

   - 水平配置_猜拳指示燈
     - 標籤_剪刀
     - 標籤_石頭
     - 標籤_布

5. 水平配置_玩家請猜拳：

   - 水平配置_玩家請猜拳
     - 按鈕_剪刀
     - 按鈕_石頭
     - 按鈕_布

6. 水平配置_手機猜拳標頭：

   - 水平配置_手機猜拳標頭
     - 標籤2

7. 水平配置_手機猜拳：

   - 水平配置_手機猜拳
     - 圖像_手機猜拳

8. 水平配置_顯示結果標頭：

   - 水平配置_顯示結果標頭
     - 標籤3

9. 水平配置_顯示結果：

   - 水平配置_顯示結果
     - 標籤_結果

10. 其他元件：

    - 音效_balance
    - 音效_lose
    - 音效_win
    - 對話框1

程式設計

1 定義「顯示數據資料之副程式」

▼ 行號 01
宣告變數「總次數」為全域性變數，初值設定為 0，其目的是用來記錄猜拳遊戲次數。

▼ 行號 02
宣告變數「勝利次數」為全域性變數，初值設定為 0，其目的是用來記錄猜拳遊戲「勝利」次數。

▼ 行號 03
宣告變數「失敗次數」為全域性變數，初值設定為 0，其目的是用來記錄猜拳遊戲「失敗」次數。

▼ 行號 04
宣告變數「平手次數」為全域性變數，初值設定為 0，其目的是用來記錄猜拳遊戲「平手」次數。

▼ 行號 05
定義「顯示數據資料之副程式」，其目的用來顯示猜拳遊戲總次數、「勝利」次數、「失敗」次數及「平手」次數。

2 按「歸零」鈕之程式

▼ 行號 01~04
設定猜拳遊戲總次數、「勝利」次數、「失敗」次數及「平手」次數的初始值為 0。

▼ 行號 05~08
顯示猜拳遊戲總次數、「勝利」次數、「失敗」次數及「平手」次數的初始值。

3 玩家（剪刀）

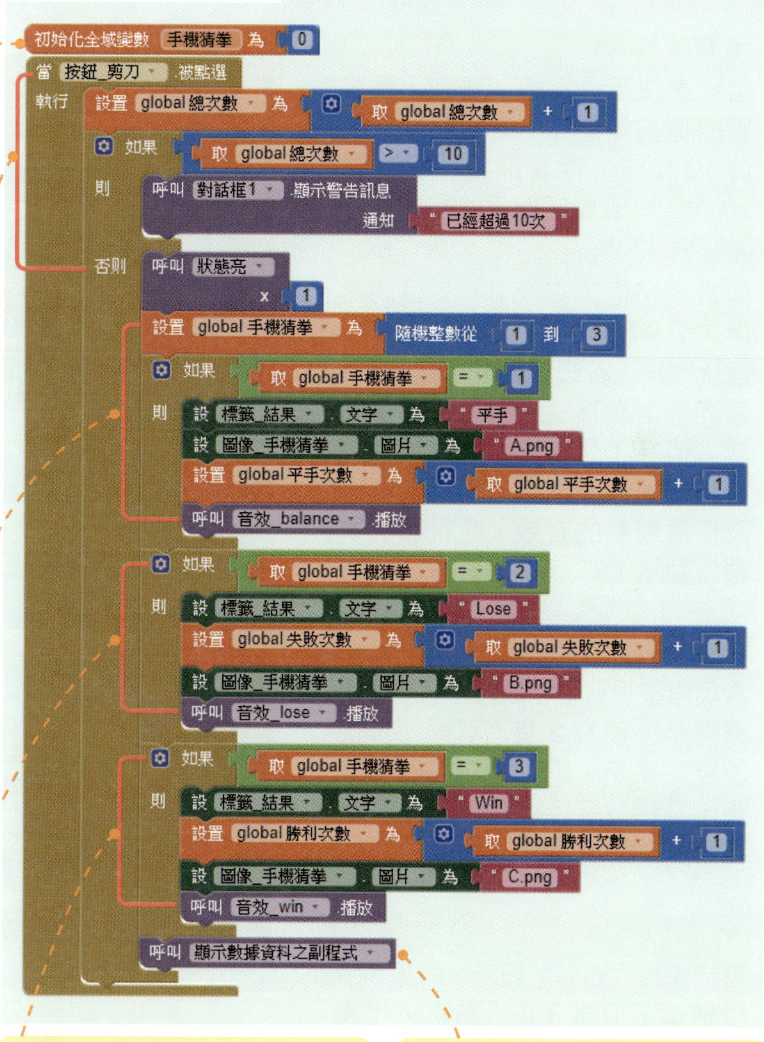

▼ 行號 01
宣告變數「手機猜拳」為全域性變數，初值設定為 0，其目的是用來記錄隨機產生的亂數值（1～3），其中 1：代表「剪刀」，2：代表「石頭」，3：代表「布」。

▼ 行號 02~06
當玩家按下「剪刀」鈕時，總次數的值自動加 1，如果總次數大於 10 次時，就會顯示「已超過 10 次」；否則呼叫「狀態亮」之副程式。

▼ 行號 07~12
當玩家按「剪刀」鈕時，如果「手機猜拳」值為 1 是「剪刀」，代表雙方平手，因此顯示「剪刀」圖示及播放平手的音效，並且平手次數自動加 1。

▼ 行號 13~17
當玩家按「剪刀」鈕時，如果「手機猜拳」值為 2 是「石頭」，代表玩家失敗，因此顯示「石頭」圖示及播放失敗的音效，並且失敗次數自動加 1。

▼ 行號 18~22
當玩家按「剪刀」鈕時，如果「手機猜拳」值為 3 是「布」，代表玩家勝利，因此顯示「布」圖示及播放勝利的音效，並且勝利次數自動加 1。

▼ 行號 23
呼叫「顯示數據資料之副程式」。

拼圖程式 ch7_3.aia

4 玩家（石頭）

▼ 行號 01~05
當玩家按下「石頭」鈕時，總次數的值自動加 1，如果總次數大於 10 次時，就會顯示「已超過 10 次」；否則呼叫「狀態亮」之副程式。

▼ 行號 06~11
當玩家按「石頭」鈕時，呼叫「狀態亮」之副程式。如果「手機猜拳」值為 1 是「剪刀」，代表玩家勝利，因此顯示「剪刀」圖示及播放勝利的音效，並且勝利次數自動加 1。

▼ 行號 12~16
當玩家按「石頭」鈕時，如果「手機猜拳」值為 2 是「石頭」，代表雙方平手，因此顯示「石頭」圖示及播放平手的音效，並且平手次數自動加 1。

▼ 行號 17~21
當玩家按「石頭」鈕時，如果「手機猜拳」值為 3 是「布」，代表玩家失敗，因此顯示「布」圖示及播放失敗的音效，並且失敗次數自動加 1。

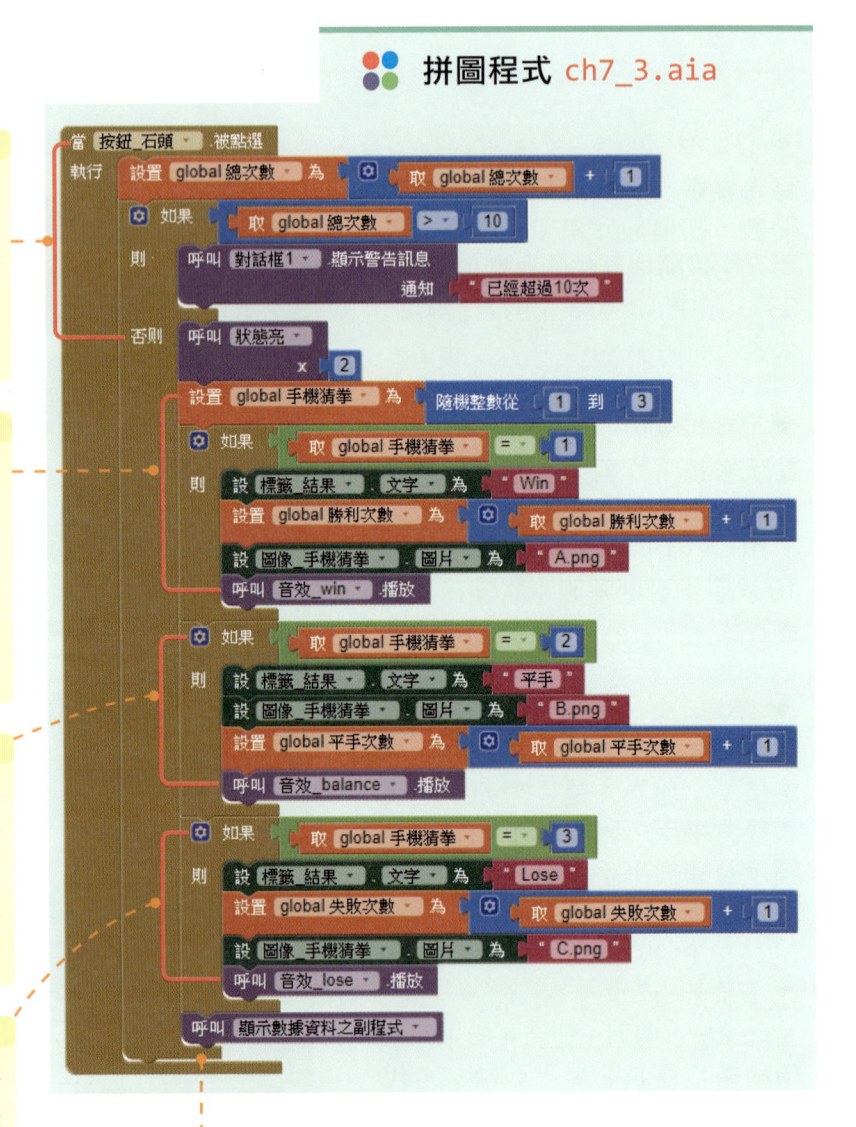

▼ 行號 22
呼叫「顯示數據資料之副程式」。

拼圖程式 ch7_3.aia

5 玩家（布）

拼圖程式 ch7_3.aia

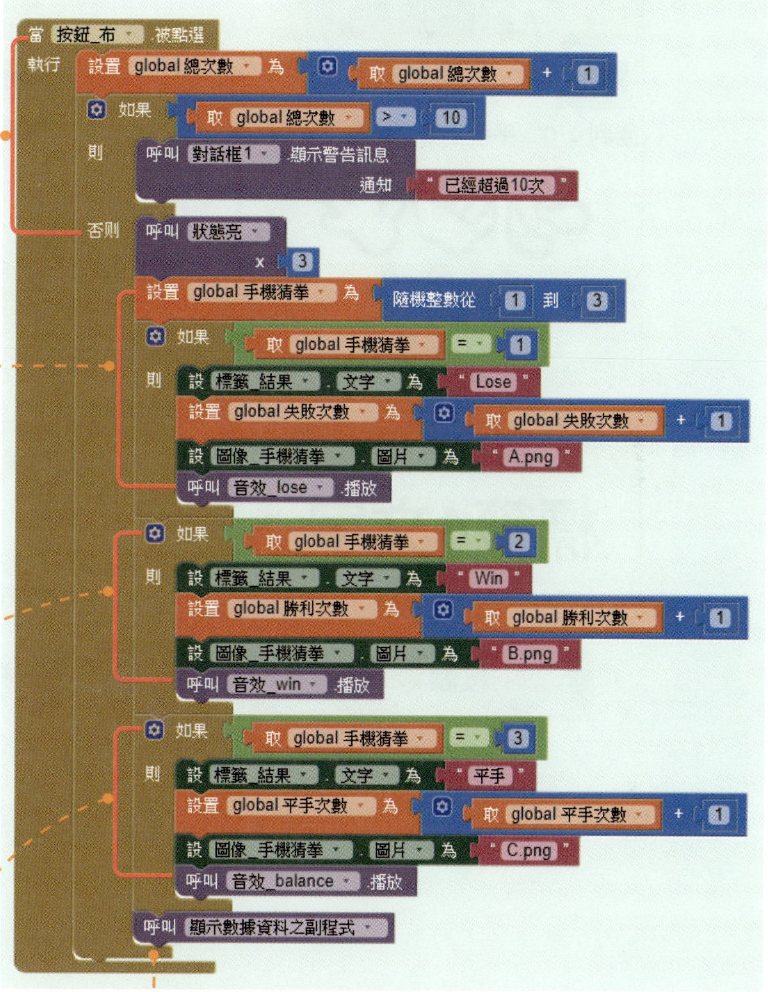

▼ 行號 01~05

當玩家按下「石頭」鈕時，總次數的值自動加 1，如果總次數大於 10 次時，就會顯示「已超過 10 次」；否則呼叫「狀態亮」之副程式。

▼ 行號 06~11

當玩家按「布」鈕時，呼叫「狀態亮」之副程式。如果「手機猜拳」值為 1 是「剪刀」，代表玩家失敗，因此顯示「剪刀」圖示及播放失敗的音效，並且失敗次數自動加 1。

▼ 行號 12~16

當玩家按「布」鈕時，如果「手機猜拳」值為 2 是「石頭」，代表玩家勝利，因此顯示「石頭」圖示及播放勝利的音效，並且勝利次數自動加 1。

▼ 行號 17~21

當玩家按「布」鈕時，如果「手機猜拳」值為 3 是布，代表雙方平手，因此顯示「布」圖示及播放平手的音效，並且平手次數自動加 1。

▼ 行號 22

呼叫「顯示數據資料之副程式」。

執行畫面

按歸零

統計勝利、平手及失敗次數
玩家請猜拳
歸零 0
勝利：0 平手：0 失敗：0
手機猜拳
顯示結果
標籤4文字

按剪刀、石頭、布10次

統計勝利、平手及失敗次數
玩家請猜拳
歸零 10
勝利：5 平手：3 失敗：2
手機猜拳
已經超過10次
顯示結果
Lose

實作題

在練習本章的範例之後，是否發現程式設計似乎缺少了統計數據結合 Google 統計圖表，因此在本實作題中，請玩 10 次剪刀石頭布，統計猜拳勝利、平手及失敗次數，並結合 Google 統計圖表的分析。

程式設計

1 定義「Show_Chart」副程式

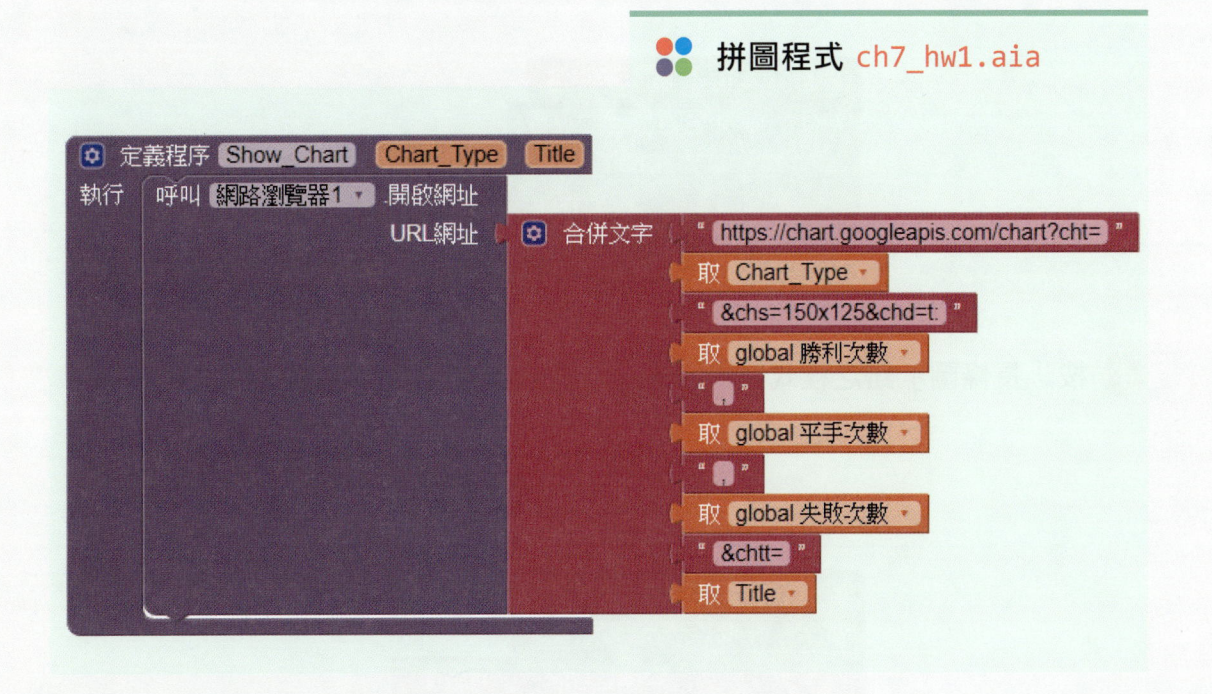

拼圖程式 `ch7_hw1.aia`

```
定義程序 Show_Chart  Chart_Type  Title
執行  呼叫 網路瀏覽器1 .開啟網址
              URL網址 ▸ 合併文字 ▸ "https://chart.googleapis.com/chart?cht="
                               取 Chart_Type ▾
                               "&chs=150x125&chd=t:"
                               取 global 勝利次數 ▾
                               ","
                               取 global 平手次數 ▾
                               ","
                               取 global 失敗次數 ▾
                               "&chtt="
                               取 Title ▾
```

2 按「3D 圓餅圖」鈕之程式

> 拼圖程式 ch7_hw1.aia
>
> 當 按鈕_3D圓餅圖 .被點選
> 執行 呼叫 Show_Chart
>   Chart_Type " p3 "
>   Title " 3D圓餅圖 "

3 按「折線圖」鈕之程式

> 拼圖程式 ch7_hw1.aia
>
> 當 按鈕_折線圖 .被點選
> 執行 呼叫 Show_Chart
>   Chart_Type " lc "
>   Title " 折線圖 "

4 按「長條圖」鈕之程式

> 拼圖程式 ch7_hw1.aia
>
> 當 按鈕_長條圖 .被點選
> 執行 呼叫 Show_Chart
>   Chart_Type " bvg "
>   Title " 垂直長條圖 "

執行畫面

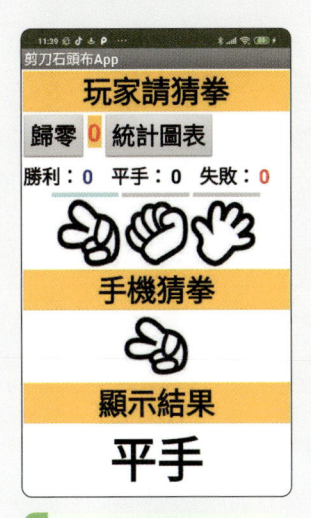

按歸零

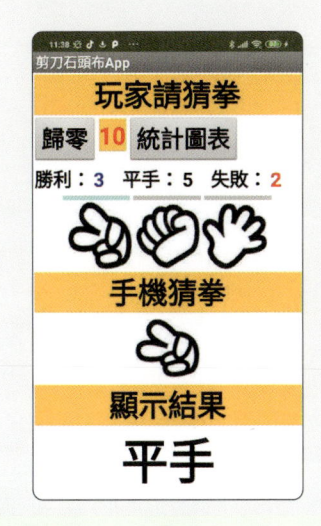

按剪刀、石頭、布 10 次

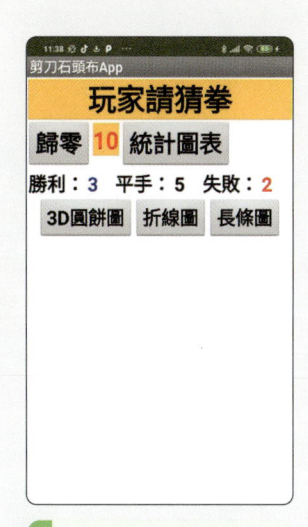

按統計圖表

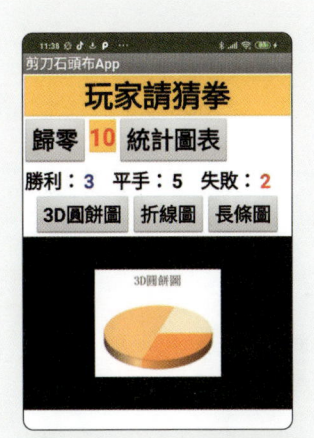

呈現 3D 圓餅圖

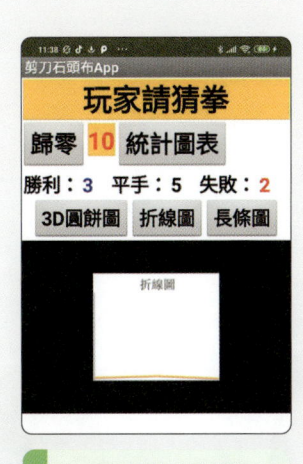

呈現折線圖

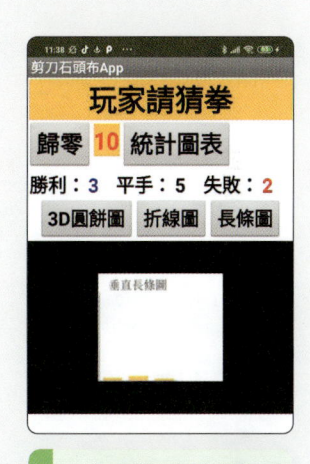

呈現長條圖

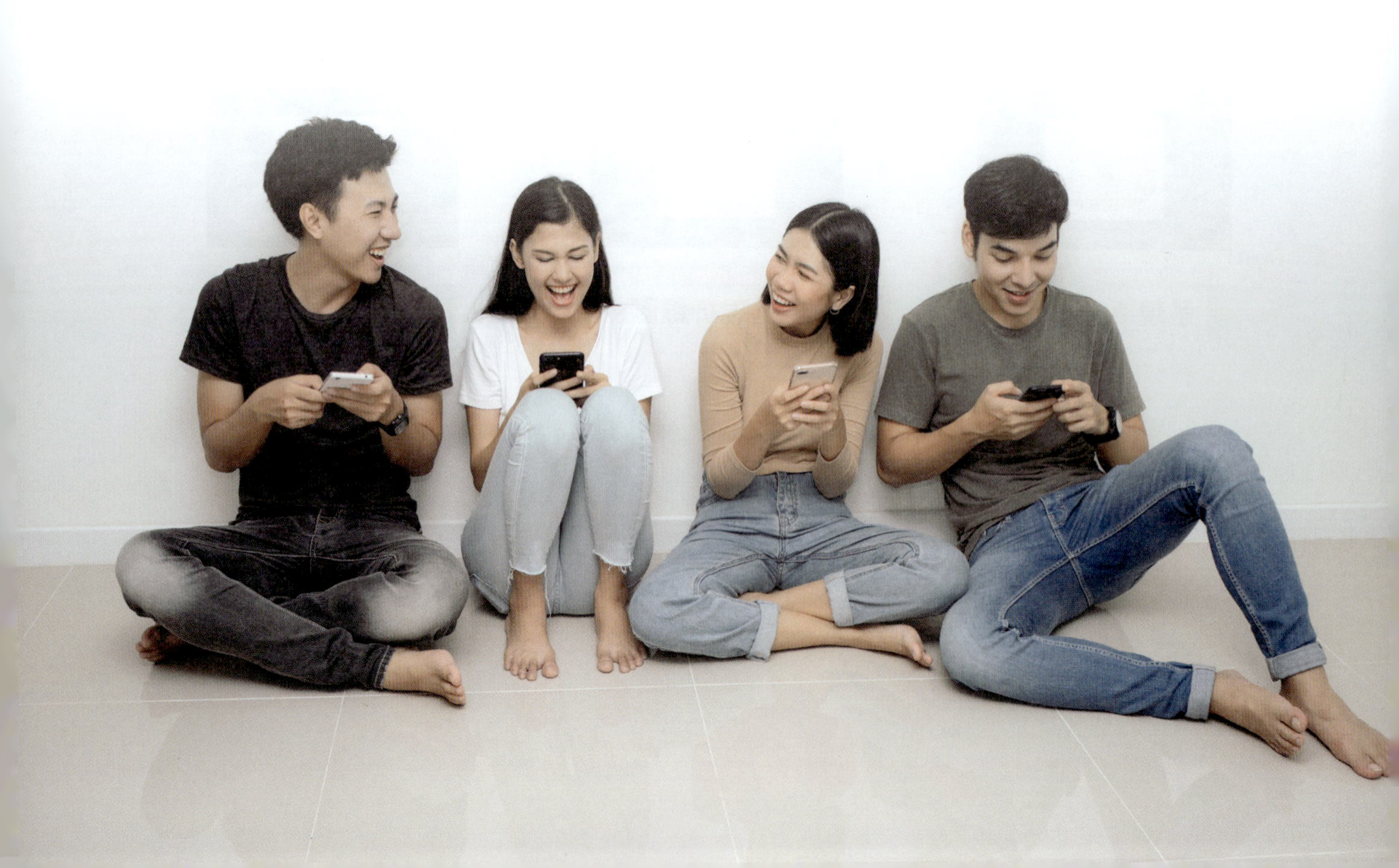

GTC 全民科技力認證
Global Technology Credential Certification

全民科技力認證精神

以普及科技指標 6 向度：作業系統 OS、軟體應用 SA、行動通訊與網際網路 MI、人工智慧 AI、社群與溝通 CC、行業應用 IA 的知識或技能進行命題，以培養學生適應未來科技世界的來臨。

GTC 全民科技力證書，累積學習歷程

考生經由監評老師通過測驗後，可獲得合格證書，擁有三項科技指標以上的合格證書，可累積成歷程證書。

藉由證書可以展現學習歷程，並能透過雷達圖及數據值呈現學習成果。

核發機構 監評老師 → 全民科技力認證 → 學員

學員收穫：
1. 讓學習有目標
2. 診斷學習成果
3. 累積學習歷程

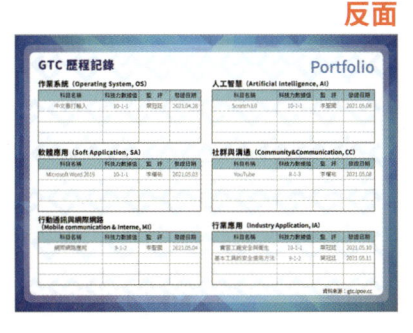

合格證書

歷程證書（正面／反面）

雷達圖診斷
1. 科技能力所在
2. 6 向度，越平均越好

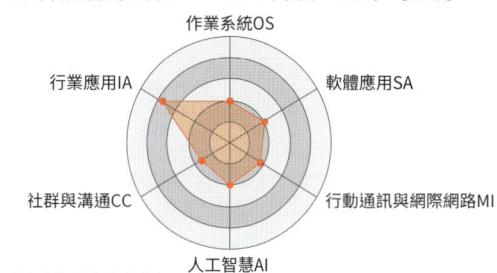

（作業系統OS、軟體應用SA、行動通訊與網際網路MI、人工智慧AI、社群與溝通CC、行業應用IA）

數據值診斷
1. 科技能量累積
2. 愛因斯坦型（先天聰穎）或 愛迪生型（努力向上）

140 — 15 — 20
科技分數總數 — 認證科目數 — 考試次數

140 — 15 — 30
科技分數總數 — 認證科目數 — 考試次數

認證科目

科技力指標	分類	科目名稱	及格分數	考試時間	題目數
OS 作業系統	看打輸入	中文看打輸入 (Level 1)(14 歲以下)	20 分	10min	1
		中文看打輸入 (Level 2)(14 歲以上)	20 分	10min	1
		英文看打輸入 (Level 1)(14 歲以下)	20 分	10min	1
		英文看打輸入 (Level 2)(14 歲以上)	20 分	10min	1

諮詢專線：02-2908-5945 # 133　聯絡信箱：oscerti@jyic.net

科技力指標	分類	科目名稱	及格分數	考試時間	題目數
SA 軟體應用	文書處理	Microsoft Word 2016 圖文編輯	80 分	20min	1
		Microsoft Word 2016 表格設計	80 分	20min	1
		Microsoft Word 2016 合併列印	80 分	20min	1
	試算表	Microsoft Excel 2016 資料編修與格式設定	80 分	20min	1
		Microsoft Excel 2016 基本統計圖表設計	80 分	20min	1
		Microsoft Excel 2016 基本試算表函數應用	80 分	20min	1
	商業簡報	Microsoft PowerPoint 2016 投影片編修與母片設計	80 分	20min	1
		Microsoft PowerPoint 2016 多媒體簡報設計與應用	80 分	20min	1
		Microsoft PowerPoint 2016 投影片放映與輸出	80 分	20min	1
MI 行動通訊與網際網路	行動通訊	行動通訊與網路概論	80 分	20min	25
AI 人工智慧	基礎程式語言 Scratch3.0	Scratch3.0- 結構化與模組化程式設計 (Level 1)	80 分	20min	25
		Scratch3.0- 演算法程式設計 (Level 1)	80 分	20min	25
		Scratch3.0- 互動程式設計 (Level 1)	80 分	20min	25
	基礎程式語言 App Inventor 2	App Inventor 2- 結構化與模組化程式設計	80 分	20min	25
		App Inventor 2- 演算法程式設計	80 分	20min	25
		App Inventor 2- 互動程式設計	80 分	20min	25
	人工智慧	人工智慧概論	80 分	20min	25
		人工智慧在各領域的應用	80 分	20min	25
CC 社群與溝通	社群軟體	社群軟體概論	80 分	20min	25
IA 行業應用	工業類	中等學校科技教室工場安全與衛生	80 分	20min	25
		中等學校科技教室工具的安全使用	80 分	20min	25
		中等學校科技教室儀表與設備的使用及保養	80 分	20min	25

認證產品

產品編號	產品名稱	建議售價
PV171	申請 GTC 數位單張證書	$600
PV172	GTC 紙本單張證書	$600
PV173	申請 GTC 數位歷程證書	$600
PV174	GTC 紙本歷程證書	$600

GTC 歷程平臺產品

專案平臺					
產品編號	產品名稱	細項	年限	建議售價	備註
PS371	GTC 全民科技力歷程平臺 高中與中小學版	含監評管理系統、開課管理系統、發證管理系統	一年	$ 100,000	須提供全民科技力歷程平臺申購書
PS372	GTC 全民科技力歷程平臺 大專院校版	含監評管理系統、開課管理系統、發證管理系統	一年	$ 200,000	
PS350	GTC 全民科技力歷程平臺 建置費用	平臺建置費用（首次購買須加購）	一次	$ 50,000	

※ 以上價格僅供參考 依實際報價為準

諮詢專線：02-2908-5945 # 133　聯絡信箱：oscerti@jyic.net

書　　　名	App Inventor 2：趣味手遊自己做
書　　　號	PN264
版　　　次	2018年1月初版 2022年9月二版
編 著 者	李春雄
責 任 編 輯	九玨文化 王玉青
校 對 次 數	8次
版 面 構 成	魏怡茹
封 面 設 計	陳依婷

國家圖書館出版品預行編目資料

App Inventor 2：趣味手遊自己做 / 李春雄
-- 再版. -- 新北市：台科大圖書, 2022.9
　　　　面；　公分
ISBN 978-986-523-520-8（平裝）

1.CST：電腦遊戲 2.CST：電腦程式設計

312.8　　　　　　　　　111013473

出 版 者	台科大圖書股份有限公司
門 市 地 址	24257新北市新莊區中正路649-8號8樓
電　　　話	02-2908-0313
傳　　　真	02-2908-0112
網　　　址	tkdbooks.com
電 子 郵 件	service@jyic.net
版 權 宣 告	**有著作權　侵害必究**

本書受著作權法保護。未經本公司事前書面授權，不得以任何方式（包括儲存於資料庫或任何存取系統內）作全部或局部之翻印、仿製或轉載。

書內圖片、資料的來源已盡查明之責，若有疏漏致著作權遭侵犯，我們在此致歉，並請有關人士致函本公司，我們將作出適當的修訂和安排。

郵 購 帳 號	19133960
戶　　　名	台科大圖書股份有限公司
	※郵撥訂購未滿1500元者，請付郵資，本島地區100元 / 外島地區200元
客 服 專 線	0800-000-599
網 路 購 書	PChome商店街 JY國際學院 博客來網路書店 台科大圖書專區
各 服 務 中 心	總　公　司　02-2908-5945　　台中服務中心　04-2263-5882 台北服務中心　02-2908-5945　　高雄服務中心　07-555-7947
	線上讀者回函 歡迎給予鼓勵及建議 tkdbooks.com/PN264